LA TÉLÉGRAPHIE

A L'EXPOSITION UNIVERSELLE

DE 1867.

PARIS.

IMPRIMERIE IMPÉRIALE.

M DCCC LXIX.

LA TÉLÉGRAPHIE

A L'EXPOSITION UNIVERSELLE

DE 1867.

LA TÉLÉGRAPHIE

A L'EXPOSITION UNIVERSELLE

DE 1867.

PARIS.

IMPRIMERIE IMPÉRIALE.

—

M DCCC LXIX.

PREMIÈRE PARTIE.

ORGANISATION GÉNÉRALE DE L'EXPOSITION

ORGANISATION GÉNÉRALE

DE L'EXPOSITION.

L'Exposition universelle de 1867 a été décrétée par l'Empereur le 22 juin 1863.

Le 1ᵉʳ février 1865, un décret spécial institua une Commission impériale chargée de régler toutes les mesures d'exécution relatives à l'Exposition.

Le 21 février de la même année, la composition de cette Commission fut arrêtée. Elle avait pour président S. A. I. le prince Napoléon, et pour vice-présidents LL. EExc. le Ministre d'État, le Ministre de l'agriculture, du commerce et des travaux publics, le Ministre de la maison de l'Empereur et des beaux-arts. Elle devait comprendre, en outre, soixante membres dont quarante et un seraient choisis par l'Empereur parmi les notabilités de l'État, et dix-neuf par la Commission elle-même, parmi les patrons financiers de l'entreprise. On réserva d'ailleurs et l'on offrit immédiatement trois places à l'Angleterre : ces trois places furent occupées par Sir Richard Cobden, Lord Cowley et Lord Granville. M. Le Play, conseiller d'État, fut choisi pour secrétaire général de la Commission impériale.

L'Exposition universelle qui avait eu lieu à Paris en

1855 [1] avait été organisée exclusivement par l'État. On
voulut suivre l'exemple donné par l'Angleterre en 1862
comme en 1851, et faire appel dans une large mesure à
l'initiative privée.

On comptait sur une dépense de 20 millions de francs.
On estimait que les recettes (prix d'entrée, abonnements,
locations payées par certains entrepreneurs) iraient à
8 millions. Dans ces conditions, l'État souscrivit pour
6 millions, la Ville pour 6 autres millions, et on décida
qu'on appellerait un capital de garantie de 8 millions destiné à couvrir l'insuffisance possible des recettes. Les bé-
néfices qui pourraient être réalisés seraient partagés également entre la Ville, l'État et les souscripteurs de la
garantie. Le 29 avril 1865, la Commission impériale an-

---

[1] On sait que la première Exposition universelle eut lieu à Londres en
1851. Il y figura près de 15.000 exposants.

La seconde fut celle de 1855 (Paris), où figurèrent 24.000 exposants.

La troisième (Londres), 1862, comprit près de 28.000 exposants.

Celle de 1867 est la quatrième; elle comprend près de 45.000 exposants.

Avant 1851, il y avait eu en France une série d'expositions nationales
aux dates suivantes et dans les conditions indiquées ci-dessous :

1re an vi, au Champ de Mars	110	exposants.
2e an ix, au Louvre	220	
3e an x, *idem*	540	
4e 1806, esplanade des Invalides	1.442	
5e 1819, au Louvre	1.500	
6e 1823, *idem*	1.648	
7e 1827, *idem*	1.795	
8e 1834, place de la Concorde	1.447	
9e 1839, Champs-Élysées	3.381	
10e 1844, *idem*	3.960	
11e 1849, *idem*	4.539	

nonça l'ouverture de la souscription et s'inscrivit elle-même pour une somme de 925,000 francs. Le capital fut rapidement souscrit. La souscription, close définitivement le 20 juillet, dépassa de plus de 2 millions les 8 millions demandés.

Au mois de juillet 1865, après une longue étude des emplacements qui pouvaient être affectés à l'Exposition, le Champ de Mars fut choisi sur le rapport de M. Dumas.

Il fut décidé que le palais comprendrait 140,000 mètres couverts sans étage supérieur, et qu'il serait disposé comme une table à deux entrées permettant d'étudier les produits par nature et par nationalité. C'est là le caractère original du bâtiment élevé au Champ de Mars et dont les galeries elliptiques montrent les produits similaires tandis que les secteurs correspondent aux divers pays.

À la même époque parut le règlement qui organisait le mécanisme administratif de l'Exposition et classait les produits.

Les produits furent divisés en dix groupes formant quatre-vingt-quinze classes [1].

---

[1] Les groupes étaient les suivants :

GROUPE Ier. (Classes 1 à 5.) — OEuvres d'art.

GROUPE II. (Classes 6 à 13.) — Matériel et application des arts libéraux.

GROUPE III. (Classes 14 à 26.) — Meubles et autres objets destinés à l'habitation.

GROUPE IV. (Classes 27 à 39.) — Vêtements et objets portés par la personne.

GROUPE V. (Classes 40 à 46.) — Produits bruts et ouvrés des industries extractives.

La télégraphie prit rang dans le sixième groupe, comprenant les *instruments et procédés des arts usuels*. Elle forma une classe spéciale, la soixante-quatrième de la série générale, entre le matériel des chemins de fer (classe 63) et le matériel des travaux publics et de l'architecture (classe 65). C'était la première fois que la télégraphie était appelée à former une catégorie particulière dans une Exposition. En 1862 comme en 1855 son matériel avait été confondu avec d'autres produits.

L'Exposition de 1867 a donc consacré l'importance qu'a prise le service télégraphique dans les usages de la vie moderne.

La Commission fit une large part à l'initiative individuelle dans l'organisation de l'Exposition. Elle provoqua la formation de comités départementaux chargés de guider les industriels, de les grouper et de les mettre à même d'organiser des expositions collectives par nature de produits.

Le 13 août 1866 furent désignés les comités français d'admission pour la plupart des classes. Celui de la classe 64 se composait de :

Groupe VI. (Classes 47 à 66.) — Instruments et procédés des arts usuels.

Groupe VII. (Classes 67 à 73). — Aliments (frais ou conservés) à divers degrés de préparation.

Groupe VIII. (Classes 74 à 82.) — Produits vivants et spécimens d'établissements de l'agriculture.

Groupe IX. (Classes 83 à 88.) — Produits vivants et spécimens d'établissements de l'horticulture.

Groupe X. (Classes 89 à 95.) — Objets spécialement exposés en vue d'améliorer les conditions physiques et morales de la population.

MM.

Le vicomte DE VOUGY. directeur général des lignes télégraphiques;

Le baron AMIOT, inspecteur général des lignes télégraphiques:
Edmond BECQUEREL, membre de l'Institut.

Bientôt un arrêté du Ministre d'État, vice-président de
la Commission impériale, régla l'admission des exposants
de la classe 64 et répartit entre eux l'espace attribué au
matériel de la télégraphie. Cet espace était fixé à 82 mètres carrés. MM. Chauvassaignes, inspecteur des lignes télégraphiques, Digney et Hardy. fabricants. étaient agréés
comme délégués des exposants.

Ces délégués, présentés par les exposants de chaque
classe et agréés par la Commission impériale, étaient chargés de préparer les détails multiples de l'Exposition, de
traiter avec les divers entrepreneurs pour l'appropriation
du local de la classe, et de diriger les exposants dans
l'installation et l'arrangement de leurs produits.

En ce qui concerne les exposants étrangers, la Commission impériale avait laissé à des commissions spéciales dé-
signées par chaque gouvernement le soin d'organiser à
leur convenance leur propre exposition.

RÉCOMPENSES.

———

Un jury international fut chargé de décerner les récompenses aux différentes classes.

Le jury de la classe 64 (matériel et procédés de la télégraphie) se composait de :

MM.

Le vicomte DE VOUGY, directeur général des lignes télégraphiques (France), président ;

Edmond BECQUEREL, membre de l'Institut, professeur au Conservatoire des arts et métiers (France), secrétaire rapporteur ;

E. W. SIEMENS, docteur, fabricant, membre de la chambre de commerce de Berlin (Prusse et États de l'Allemagne du Nord) ;

G. WHEATSTONE, esq. F. R. S. (Grande-Bretagne), vice-président ;

(M. WHEATSTONE avait pour suppléant Lord SACKEVILLE CECIL.)

Le jury du 6ᵉ groupe, comprenant vingt classes (47 à 66 inclusivement), était composé comme il suit :

PRÉSIDENTS.

MM.

DU PUY DE LÔME, conseiller d'État, membre de l'Institut, membre de la Commission impériale (France), président ;

LEFUEL, membre de l'Institut, membre de la Commission impériale (France), vice-président ;

Lord Richard Grosvenor,

Suppléant : H. C. E. Childers, esq. (Grande-Bretagne), vice-président.

MEMBRES.

Les présidents et rapporteurs des vingt jurys de classe.

SECRÉTAIRES.

MM.

Cheysson, ingénieur des ponts et chaussées;

Hangard, ingénieur civil;

Le Bleu, ingénieur des mines;

Marin, ingénieur des ponts et chaussées;

Henri Mathieu, ingénieur au chemin de fer du Midi;

Jules Morandière, ingénieur au chemin de fer du Nord;

Arnould Thenard, attaché à la Commission impériale de 1862.

La distribution solennelle des récompenses fut faite le 1er juillet 1867, par l'Empereur, au palais de l'Industrie (Champs-Élysées). Cette cérémonie, à laquelle assistaient l'Empereur des Ottomans et un grand nombre de princes étrangers, eut lieu avec une très-grande pompe.

On trouvera ci-dessous la liste des récompenses accordées à la classe 64. Sur douze grands prix attribués au groupe VI (formé comme il a été dit plus haut de vingt classes), la classe 64 en avait obtenu deux à elle seule : le premier, décerné à M. Cyrus Field et aux compagnies anglo-américaines du câble transatlantique; le second, à M. Hughes, inventeur d'un télégraphe imprimeur.

Il convient d'ailleurs d'ajouter à cette liste les décora-

tions de chevalier de la Légion d'honneur accordées à
MM. l'abbé Caselli, pour son télégraphe autographique,
et Crapelet, associé de la maison Rattier, pour perfectionnements apportés à la fabrication des câbles.

LISTE DES EXPOSANTS RÉCOMPENSÉS.

(CLASSE 64.)

Hors concours.

Ministère de l'Intérieur. Administration des lignes télégraphiques. Paris. (France.) — Appareils et matériel télégraphiques.

Direction royale du service télégraphique. Berlin. (Prusse.) — Appareils et matériel télégraphiques.

Direction impériale-royale des télégraphes. Vienne. (Autriche.) — Matériel de télégraphie militaire.

Atelier fédéral des télégraphes. Berne. (Suisse.) — Appareils télégraphiques.

Bréguet (L.). (Membre du jury.) Paris. (France.) — Appareils télégraphiques.

Siemens et Halske. (Siemens, membre du jury.) Berlin. (Prusse.) — Appareils télégraphiques.

Siemens frères. (Siemens, membre du jury.) Londres. (Grande-Bretagne.) — Appareils télégraphiques.

Grands prix.

Cyrus Field et les compagnies anglo-américaines du câble transatlantique. (États-Unis et Grande-Bretagne.) — Câble transatlantique.

Hughes. New-York. (États-Unis.) — Télégraphe imprimeur.

Médailles d'or.

Digney frères et Cie. (France.) — Appareils télégraphiques.

Rattier et Cie. Paris. (France.) — Câbles télégraphiques.

Hooper (W.). Londres. (Grande-Bretagne.) — Câbles télégraphiques.

Caselli (J.). Paris. (France.) — Télégraphe autographique.

Guyot d'Arlincourt (L.). Paris. (France.) — Appareil télégraphique imprimeur.

Médailles d'argent.

Lenoir (E.). Paris. (France.) — Télégraphe autographique.

Felten et Guillaume. Cologne. (Prusse.) — Câbles télégraphiques.

Henley (W. J.). Londres. (Grande-Bretagne.) — Câbles télégraphiques.

Dumoulin-Froment (P.). Paris. (France.) — Appareils télégraphiques.

Leopolder (J.). Vienne. (Autriche.) — Appareils télégraphiques.

Hipp (M.). Neufchâtel. (Suisse.) — Appareils télégraphiques.

Thomsen (J.). Copenhague. (Danemark.) — Batterie de polarisation.

Gloesener (M.). Liége. (Belgique.) — Appareils télégraphiques.

Médailles de bronze.

Delperdange (L.). Bruxelles. (Belgique.) — Tuyaux de conduits pour câbles télégraphiques.

Dujardin (P. A. J.). Lille. (France.) — Appareil télégraphique imprimeur.

Walcker (W.). Paris. (France.) — Appareils à signaux par la compression de l'air.

Joly (A.). Paris. (France.) — Appareil télégraphique imprimeur.

De Bergmüller (C. A.). Vienne. (Autriche.) — Télégraphe pour service municipal.

Prud'homme (P. D.). Paris. (France.) — Sonneries électriques et signaux.

Gurlt (G.). Berlin. (Prusse.) — Appareils télégraphiques.

Horn (W.). Berlin. (Prusse.) — Appareils télégraphiques.

Devos (W.). Saint-Josse-ten-Node. (Belgique.) — Commutateur parafoudre et appareils divers.

Leclanché. Paris. (France.) — Batterie de polarisation.

Direction des chemins de fer du Palatinat. Ludwigshafen. (Bavière.) — Transmetteur télégraphique.

Levin (M.). Berlin. (Prusse.) — Appareil électro-magnétique.

Bonis (Mme C.). Paris. (France.) — Fils télégraphiques isolés.

Grenet (E.). Paris. (France.) — Appareils télégraphiques et piles.

Belle. Aix-la-Chapelle. (Prusse.) — Système de signaux d'alarme.

Morenès. Madrid. (Espagne.) — Appareils télégraphiques.

Sortais (T. A. M.). Lisieux. (France.) — Appareil à déclanchement automatique.

Mentions honorables.

Guillot (P.) et Gatget (J.). Paris. (France.) — Appareil télégraphique magnéto-électrique.

Bernier. (France.) — Appareil télégraphique.

Vogel (C. J.). Berlin. (Prusse.) — Fils isolés.

Behrend (B.). Cœslin. (Prusse.) — Bandes de papier pour impression télégraphique.

Nicoli. (D.) Londres. (Grande-Bretagne.) — Fils et câbles isolés.

Holtzmann (A.). Amsterdam. (Pays-Bas.) — Câble télégraphique souterrain.

Cacheleux (A. F.). Paris. (France.) — Appareils télégraphiques.

Bigant (A. N.). Paris. (France.) — Cartes des lignes télégraphiques.

Roussy (C. J. B.). Paris. (France.) — Cartes des lignes télégraphiques.

Longoni et Dell'Aqua. Milan. (Italie.) — Appareils télégraphiques.

Picco (T.). Alexandrie. (Italie.) — Paratonnerre multiple.

Poggioli (J.). Florence. (Italie.) — Appareil Morse.

Sacco (G.). Turin. (Italie.) — Appareil Morse.

Pik (J.). Varsovie. (Russie.) — Appareil Morse.

Caumont (A.). Paris. (France.) — Appareils et sonneries électriques.

Bonet. Madrid. (Espagne.) — Appareil télégraphique.

COOPÉRATEURS.

—

Médaille d'argent.

Bonis. Paris. (France.) — Directeur des ateliers de construction d'appareils télégraphiques de la maison Bréguet.

Médaille de bronze.

Barbier. Paris. (France.) — Directeur des ateliers d'isolement des fils de la maison Rattier et Cie.

Legay. Paris. (France.) — Directeur des ateliers d'armatures de la maison Rattier et Cie.

Scholtz. Berlin. (Prusse.) — Directeur des ateliers de la maison Siemens et Halske.

Mittel-Hausen. Londres. (Grande-Bretagne.) — Directeur des ateliers de la maison Siemens frères.

Barra (L.). Paris. (France.) — Contre-maître de la maison Digney frères.

Mignon (G.). Paris. (France.) — Contre-maître de la maison Digney frères.

EXPOSANTS ET PRODUITS.

Il a paru utile de réunir dans la présente notice les principaux enseignements que peut fournir l'Exposition de 1867 en ce qui concerne le service télégraphique.

La seconde partie de cette notice contient les indications relatives au matériel des lignes.

La troisième partie contient les indications relatives aux appareils de transmission proprement dits et au matériel des bureaux.

La quatrième partie est relative aux appareils accessoires employés dans les bureaux.

On s'est borné d'ailleurs, dans chacune de ces parties, à traiter avec quelque développement les points les plus importants. Il n'était pas possible de décrire en détail tous les objets exposés, et d'apprécier, même sommairement, la valeur de chacun d'eux. On s'est contenté de donner sur chaque sujet les indications principales, et d'insister particulièrement sur ce qui semble marquer dans chaque partie les derniers progrès réalisés.

Pour combler les lacunes qui résultent naturellement d'un pareil procédé, on trouvera ci-dessous une simple nomenclature des divers exposants et de leurs produits.

La première liste s'applique exclusivement à la classe 64. Une seconde liste comprend, dans les diverses classes, les produits qui peuvent indirectement intéresser le service télégraphique.

NOMENCLATURE

DES EXPOSANTS ET DES PRODUITS

DE LA CLASSE 64.

FRANCE.

MINISTÈRE DE L'INTÉRIEUR.

Administration des lignes télégraphiques, rue de Grenelle - Saint-
Germain, 103.

Série historique d'appareils.

Un manipulateur à cadran, de Bréguet.
Un récepteur à cadran, de Bréguet.
Un modèle du télégraphe aérien de Chappe.
Deux télégraphes héliographiques de Leseurre.
Deux manipulateurs français en bois, de Pouget.
Un récepteur français à deux indicateurs, de Bréguet.
Un récepteur français à deux indicateurs, de Pouget.
Un récepteur à cadran, de Wheatstone.
Un manipulateur à courant d'induction, de Wheatstone.
Un appareil Morse, modèle badois.
Un relais, modèle badois.
Un manipulateur Morse, modèle badois.
Un récepteur Morse à style, de Briquet.
Un récepteur Morse à style, de Mouilleron.
Un récepteur Morse à relais, avec molette et tampon, de Digney.
Un récepteur Morse sans relais, de Digney.

2

Un récepteur Morse portatif en aluminium.

Une pile Marié-Davy portative.

Un sac en cuir pour la pile et le récepteur portatif.

Un manipulateur Morse, modèle suisse.

Un manipulateur Morse avec commutateur, modèle français.

Un manipulateur Morse sans commutateur, modèle français.

Un relais translateur, de Boivin.

Un relais translateur, de Froment.

Un relais translateur, à double effet, de Froment.

Un récepteur électro-chimique, de Pouget.

Une sonnerie à mouvement d'horlogerie.

Une sonnerie à trembleur.

Une sonnerie à trembleur à mouvement continu.

Un commutateur rond.

Un commutateur suisse à vingt fils.

Un paratonnerre à pointes et à fil fin.

Un paratonnerre à pointes mobiles.

Un paratonnerre à fil préservateur.

Un paratonnerre.

Un galvanomètre de poste, socle en bois et globe de verre.

Un galvanomètre de poste, socle en cuivre.

Un galvanomètre d'inspecteur (nouveau modèle).

Un appareil Caselli.

Un appareil Hughes.

Installation de postes.

Deux postes intermédiaires embrochés dans le circuit avec faculté de prendre terre.

Un poste simple desservant deux lignes avec sonnerie.

Un poste à cadran desservant deux lignes avec sonnerie.

Un poste simple avec récepteur à relais.

Un poste à un seul récepteur monté en translation avec deux parleurs.

Deux postes montés en translation.

Deux appareils Caselli et leur régulateur.
Deux appareils Hughes.
Un appareil d'Artincourt.
Isolateurs arrêts simples.
Isolateurs arrêts doubles.
Vis 33/90.
Vis 33/70.

VINAY.

Un appareil Morse.

JOLY (A.), à Paris, rue Saint-Sulpice.

Appareil télégraphique imprimeur à cadran.

MACHABÉE (J. L. A.), à Paris, rue de Vanves, 46.

Mastic isolant pour conducteurs électriques.

HARDY (E.), à Paris, rue de Sèvres, 31.

Un cadran électrique et son régulateur.
Un appareil Hughes, alphabet romain et chiffres.

CAUMONT (A.), à Paris, boulevard Malesherbes, 79.

Sonneries et timbres électriques pour usines et appartements.
Tableaux indicateurs.
Nouvelle pile pouvant fonctionner plusieurs années sans net-
toyage.

BERTSCH.

Paratonnerre pour l'intérieur des postes.
Paratonnerre pour entrée de tunnels et lignes souterraines.

ANFOSSO (L. A.), à Paris, rue de Babylone, 50.

Loch électrique.

SORTAIS (T. A. M.). à Lisieux (Calvados).

Appareil automatique Morse.

LECLANCHÉ. à Paris. rue Fontaine-Saint-Georges, 22.

Application de la polarisation à un poste télégraphique à cadran.

GRENET (P.), à Paris. rue Castiglione. 14.

Sonneries et timbres électriques pour usines et appartements.
Tableaux indicateurs.
Piles.

DUMOULIN-FROMENT (P.). à Paris. rue Notre-Dame-des-Champs. 85.

Deux appareils Hughes avec chiffres, alphabet romain et alphabet russe.
Un appareil Hughes avec chiffres et alphabet romain.

DUJARDIN (P. A. L.). à Lille (Nord).

Un appareil télégraphique imprimeur à cadran.
Un appareil télégraphique imprimeur à clavier.

ZALIWSKI-MIKORSKI. à Paris. rue d'Enfer. 103.

Pile à charbon.
Dissolution de charbon.

LENOIR (E.), à Paris, boulevard du Prince-Eugène. 109.

Appareil télégraphico-automatique.

MENANS.

Fils de fer, vis, pattes et poteaux en fer galvanisé.

GUILLOT (P.), à Paris, route de Choisy, 29, et GATGET (J.), boulevard Mazas, 90.

Deux récepteurs à cadran, leur manipulateur et leur sonnerie (système électro-magnétique).

BRÉGUET (L.). à Paris. quai de l'Horloge, 39.

Récepteur alphabétique, à remise à la croix d'un coup.

Manipulateur alphabétique.

Sonnerie à rouage, perfectionnée par Guillot.

La même, perfectionnée par Bernier.

Sonnerie à relais (système Faure).

La même, perfectionnée par Bernier.

Sonnerie électro-mécanique.

Paratonnerre avertisseur de MM. Tesse et Lartigue.

Paratonnerre à papier et à pointe, de M. Noblet, simple.

Paratonnerre à papier et à pointe, de M. Noblet, double.

Paratonnerre à papier de l'administration française.

Manipulateur alphabétique à inversement.

Manipulateur (alphabétique anglais), petit modèle.

Récepteur.

Sonnerie trembleuse à grande résistance.

Appareil Bréguet et Crossley, le récepteur, le manipulateur, la sonnerie.

Appareil (système d'Arlincourt) complet. manipulateur récepteur et imprimeur sans chiffres.

Le même, avec chiffres.

Relais spécial, utile seulement sur les lignes longues.

Manipulateur (système Guillot et Gatget), modèle des chemins de fer.

Récepteur à rouage.

Sonnerie à rouage.

Appareil d'usine comprenant : un manipulateur, un récepteur sans rouage, une sonnerie sans rouage.

Récepteur Morse à encre.

Manipulateur Morse (Villette).

Manipulateur Morse (système Lacoine, ingénieur de l'administration des télégraphes ottomans) pour les lignes sous-marines longues.

Parleur simple.

Relais double pour la translation.

Manipulateur Morse magnéto-électrique.

Boussole des tangentes et des sinus.

Grand rhéostat.

Appareil de résistance très-portatif.

Appareil comprenant : une boussole différentielle. un petit rhéostat, un appareil de résistance.

Boussole différentielle.

Appareil Tyer, pour chemins de fer (signaux de chemins de fer).

Appareil Pruce. pour chemins de fer (signaux de chemins de fer).

TABOURIN (G. A.). à Lyon. (Rhône.)

Télégraphe dit hydro-dynamique.

BERNIER.

Sonneries électriques à rouage.

DIGNEY frères et Cⁱᵉ, à Paris. rue des Poitevins, 8.

Poste militaire : récepteur avec électro-aimant Siemens et manipulateur.

Manipulateur magnéto-électrique à cadran.

Agomètre à mercure, de M. Becquerel.

Sonnerie de ligne sans rouage.

Boussole portative différentielle pour ingénieurs-inspecteurs.

Transmetteur automatique inverseur pour imprimeur sans réglage, de Lippens-Digney.

Sonnerie mise en mouvement par un galvanomètre.

Appareil de résistance à bouchons, de 0 à 1,009 kilom.

Récepteur sans réglage et manipulateur inverseur.

Manipulateur pour les lignes sous-marines.

Appareil contrôleur imprimeur à réglage avec manipulateur inverseur.

Paratonnerre à papier.

Sonneries d'appartements et tableaux indicateurs.

Appareil se composant : d'un galvanomètre, d'une sonnerie, d'un paratonnerre et d'un commutateur (système de Vos-Lippens).

Paratonnerre à pointes mobiles.

Paratonnerre à fil fin.

Manipulateurs avec et sans commutateur.

Commutateurs divers.

Appareil Morse à tampon et molette dans un réservoir.

Appareil Morse à résistance variable, modèle belge.

Manipulateur à cadran.

Manipulateur à cadran, à crémaillère.

Paratonnerre à commutateur.

Boussole des sinus faisant fonction de boussole différentielle, de Becquerel.

Appareil de résistance à manettes, de 1 à 2,000 kilomètres.

Récepteur à cadran, à réglage, avec remise à la croix indépendante.

Relais de Wenckebach.

Poste complet à réglage avec manipulateur automatique, de Chambrier.

Boussole des sinus et tangentes pour poste.

Boussole différentielle d'inspecteur, de Wenckebach.

Commutateur suisse.

Boussole à résistance variable destinée aux Indes.

Morse, système Maroni.

Transmetteur automatique à deux styles.

Imprimeur synchronique, de Digney-Desgoffe.

Transmetteur et récepteur à un style.

Relais sonore double translateur.

Découpeur.

Appareils à cadran, alphabet romain et turc.

CASELLI (L'abbé J.), à Paris, rue de l'Ouest, 20.

Deux pantélégraphes.

Un pendule régulateur.

Spécimens de reproductions autographiques.

RATTIER et Cⁱ⁰, à Paris. rue des Fossés-Montmartre. 4.

Deux modèles indiquant le système de pose des câbles sous les tunnels.

Un modèle indiquant le système de pose des câbles souterrains.

Fils isolés.

Câbles souterrains pour la traversée des villes sous les voies publiques.

Câbles sous-marins.

Câbles à armature métallique.

GUYOT D'ARLINCOURT (L.), à Paris. rue de La Bruyère, 3 *bis*.

Appareil télégraphique imprimeur.

CACHELEUX (A. F.), à Paris. rue de Grenelle-Saint-Germain. 103.

Moteur électrique.

Récepteur Morse à tire-ligne et son manipulateur.

Montre à divisions décimales pour les calculs maritimes et astronomiques.

Appareil à cadran avec signaux des appareils français.

ROUSSY (Ch. J. B.). à Paris. rue de Grenelle-Saint-Germain, 103.

Carte en relief des lignes télégraphiques de l'Empire français.

Carte en relief des lignes télégraphiques des environs de Paris.

BLAVIER (Ed. Ev.), à Nancy. (Meurthe.)

Traité de télégraphie électrique.

WALCKER (W.), à Paris. rue de la Paix. 25.

Appareil à signaux et sonneries à air comprimé.

BONIS (Mᵐᵉ C.). à Paris. rue Montmartre. 18.

Fils télégraphiques recouverts.

PRUD'HOMME (P. D.), à Paris. rue Saint-Martin. 4 *bis*.

> Sonneries et timbres électriques pour usines et appartements.
> Tableaux indicateurs.
> Piles.

BIGANT (A. N.), à Paris. rue de Grenelle-Saint-Germain. 103.

> Carte du réseau télégraphique de l'Empire français.
> Carte comparative du réseau télégraphique européen.

BELGIQUE.

DELPERDANGE (Léon), à Bruxelles, rue Zereza, 15.

> Tuyaux de conduite pour lignes télégraphiques souterraines.

DEVOS (C.), à Saint-Josse-ten-Noode.

> Commutateur à parafoudre pour 40 lignes.
> Boussole à sonnerie servant de galvanomètre. de sonnerie et de
> parafoudre.
> Boussole à sonnerie à courant renversé, pour le rappel dans
> le circuit des petits bureaux.
> Appareil à indicateurs et transmetteurs pour le service inté-
> rieur des grandes administrations.
> Sonnerie pour pompes pneumatiques.
> Parafoudre simple à papier.

GÉRARD (A. J.). à

> Télégraphe autographique. (Voir classes 23 et 37.)
> Deux pendules électro-moteurs accusant la seconde. propres
> aux études astronomiques.
> Un télégraphe autographique.

GLOESENER (M.). à Liége.

> Télégraphes électriques ordinaires et sous-marins. à écrire. à
> aiguilles et à cadrans.

Boussole électro-magnétique.
Modèle de sonnerie électrique.
Parafoudres.
Paratonnerres.

NAPLE (J. M. J.), à Tarciennes. (Namur.)

Un appareil télégraphique auquel le mouvement sert alternativement de transmetteur et de récepteur, et pouvant transmettre ou recevoir 294,000 lettres sans avoir besoin d'être remonté.

Deux sonneries.

Deux télégraphes à aiguille, système astatique d'une grande sensibilité, avec électro-aimants agissant par attraction et par répulsion.

Deux télégraphes à cadran et lettres. (On peut, à l'aide du commutateur, se servir à volonté de l'un ou l'autre système.)

PAYS-BAS.

HOLTZMAN (A.), à Amsterdam.

Câble télégraphique souterrain inaltérable à quinze fils. (Système au brai liquide.)

PRUSSE.

DIRECTION ROYALE DU SERVICE TÉLÉGRAPHIQUE DE PRUSSE, à Berlin.

Modèles de supports cloches fixes.

Modèles de supports cloches mobiles pour prévenir l'effet du balancement des branches d'arbres.

SIEMENS et HALSKE, à Berlin.

Un dessin représentant le système de télégraphie pneumatique établi à Berlin.

Un appareil dynamo-électrique pour la conversion de la force mécanique en courant électrique dans l'emploi d'aimants permanents.

Un tube et deux modèles de wagons pour la télégraphie pneumatique.

Deux appareils Morse montés sur planchette avec manipulateur, galvanomètre et relais. (Molette trempant dans un réservoir à encre.)

Un récepteur Morse monté sur planchette, avec manipulateur, galvanomètre et relais. (Appareil à pointe sèche.)

Un appareil magnéto-électrique pour faire marcher les sonneries de chemin de fer.

Un appareil à découper les signaux Morse sur les bandes.

Unité Siemens.

Un appareil magnéto-électrique pour indiquer la hauteur de l'eau dans un réservoir.

Un appareil à mesurer les résistances d'isolement et celles du cuivre dans les câbles sous-marins.

Un récepteur Morse à molette trempant dans un réservoir avec un barillet extérieur.

Un appareil à composer les dépêches Morse.

Un appareil à décomposer les dépêches Morse.

Un dessin représentant ces deux appareils.

Un dessin d'un appareil dynamo-électrique pour l'explosion des mines.

Un appareil destiné à mesurer la vitesse de transmission possible dans les câbles sous-marins.

Un télégraphe automatique à types donnant les dépêches en caractères Morse avec une vitesse cinq fois plus grande que le manipulateur ordinaire.

Un galvanomètre différentiel.

Deux télégraphes électro-magnétiques, à cadran.

Un pyromètre.

HORNE (Guillaume), à Berlin.

Un récepteur Morse monté sur planchette, avec galvanomètre, sonnerie et manipulateur. (Voir classe 12, n° 9.)

GURLT (Guillaume), à Berlin.

Un récepteur Morse monté sur planchette avec relais, galvanomètre et manipulateur.

LEVIN (M.), à Berlin.

Deux télégraphes électro-magnétiques, à cadran.
Horloges électriques.

BEHREND (Bernard), à Cœslin.

Divers échantillons de bandes de papier pour les appareils Morse.

VOGEL (C. J.), à Berlin.

Fils télégraphiques recouverts de soie.

FELTEN et GUILLAUME, à Cologne.

Neuf échantillons de câbles employés par la direction royale des télégraphes de Prusse.

BELLÉ (Rich.), à Aix-la-Chapelle.

Sonneries électriques et tableau indicateur pour appartements et usines.

GRAND-DUCHÉ DE BADE.

MEIDINGER (H.), professeur à Carlsruhe.

Piles à ballon.
Galvanomètres.

ROYAUME DE BAVIÈRE.

RODLER (A.), à Saint-Pierre, près de Nuremberg.

Charbons plastiques pour piles électriques.

DIRECTION DES CHEMINS DE FER DU PALATINAT, à Ludwigshafen.

Transmetteur des courants électriques pour l'appareil de Faraday.

EMPIRE D'AUTRICHE.

BERGMULLER (Ch. Adolphe DE), à Vienne, Augustines Strasse, 8. (Basse-Autriche.)

Voiture découverte servant de bureau télégraphique en campagne.
Voiture à bras servant au déroulement du fil en campagne.
Télégraphe de police municipale.
Meuble en chêne plaqué d'acajou pour les bureaux télégraphiques et formant table de manipulation avec casiers, armoires, etc.

HAMAR (Léon DE), à l'école industrielle de Pesth. (Hongrie.)

Appareil Morse à clavier.
Appareil pour la lumière électrique.

CHEMIN DE FER IMPÉRIAL-ROYAL DU NORD, DE L'EMPEREUR FERDINAND, à Vienne. (Basse Autriche.)

Signal avec sonnerie électrique.

LEOPOLDER (Jean), à Vienne, Theresianum Gasse, 3. (Basse-Autriche.)

Deux appareils Morse à pointe sèche et un manipulateur.
Deux relais translateurs.

Deux galvanomètres. (Modèles différents.)
Deux paratonnerres. (Modèles différents.)
Signaux pour chemin de fer. (Disque timbre.)
Baromètre enregistreur.

SATORI (Charles). à Vienne. Theresianum Gasse. 7. (Basse-Autriche.)

Appareil pour donner des signaux à l'aide de la lumière électrique, pouvant fonctionner en même temps comme batterie télégraphique.

SNAZEL (François), à Neusohl. (Hongrie.)

Système pour abréger et simplifier les têtes de dépêches.

DIRECTION IMPÉRIALE-ROYALE DES TÉLÉGRAPHES. à Vienne. (Basse-Autriche.)

Appareil Morse monté sur planchette avec galvanomètre manipulateur et relais.

Pile au charbon, du baron d'Ebner.

Appareil pour diriger des courants électriques dans des circuits doubles.

Voiture de station du télégraphe ordinaire de la guerre.

Appareils pour donner des signaux et outils pour la construction d'une ligne du télégraphe ordinaire de guerre.

Charrette mécanique pour manœuvrer le fil en campagne.

Télégraphe magnéto-électrique de guerre, de Markus.

Télégraphe optique de guerre, du baron d'Ebner.

Toposcope de l'archiduc Léopold d'Autriche, inspecteur général du génie.

Stadiomètre électrique, du capitaine du génie C. Koczicka.

Cinq machines électriques à frottement pour mettre le feu aux mines, du colonel d'Ebner.

Cinq machines magnéto-électriques pour mettre le feu aux mines, de S. Markus.

Amorces électriques du colonel d'Ebner.

Deux appareils et deux dessins de mines sous-marines ou tor pilles.

Pile du colonel d'Ebner, ou modification de la pile de Smée.

CONFÉDÉRATION SUISSE.

ATELIER FÉDÉRAL DES TÉLÉGRAPHES (HASLER et ESCHER), à Berne.

Une horloge électrique.
Une pile.
Un météorographe enregistreur.
Un paratonnerre à papier.
Un paratonnerre à lame.
Un commutateur.
Deux manipulateurs.
Deux galvanomètres.
Un rouet.
Trois récepteurs Morse. (Modèles différents.)
Un récepteur Morse à pointe sèche.

HIPP (M.), à Neufchâtel.

Appareils et horloges télégraphiques.
Chronographe.
Station télégraphique composée de : Une table-armoire en chêne, un récepteur Morse à encre, molette et tampon, un manipulateur, une boussole, un permutateur (modèle suisse), un paratonnerre à deux lames, une sonnerie avec interrupteur.
Un régulateur électrique astronomique avec cadran séparé.
Une horloge électrique.
Une horloge électrique pour appartements.

Un chronographe astronomique pour enregistrer les observations.

Un pendule électrique pour le chronographe.

Un releveur pour mesurer rapidement et exactement la valeur des enregistrements du baromètre et du thermomètre.

Un thermomètre enregistreur électrique indiquant la température jusqu'à $1\frac{1}{10}$ de degré.

Un pendule électrique pour le thermomètre.

Un baromètre enregistreur.

Un pendule électrique pour le baromètre.

Signal électrique pour couvrir les gares, et son commutateur.

Un chronoscope pour mesurer la vitesse des projectiles, démontrer la loi de la chute des corps et autres applications physiques et physiologiques.

Une pendule électrique pour cheminée.

Double station télégraphique composée de deux appareils renfermant un cadran alphabétique et le manipulateur, de deux galvanomètres et de deux sonneries.

LAMON (J.), de Genève.

Réveil électrique composé d'une pile, d'une pendule et d'une sonnerie.

CAUDERAY (H.), inspecteur des télégraphes, à Lausanne.

Appareil pour aiguiser les aiguilles, les épingles et fils métalliques par l'électricité.

ROYAUME D'ESPAGNE.

DIRECTION GÉNÉRALE DES TÉLÉGRAPHES (MORENÈS), à Madrid.

Appareil imprimeur applicable aux lignes de second ordre.

Manipulateur à cadran pour ledit appareil.
Appareil imprimeur applicable aux lignes de premier ordre.
Manipulateur à cadran pour ledit appareil.

BONNET.

Appareil Morse.
Manipulateur Morse à mouvement horizontal.

ROYAUME DE PORTUGAL.

HERMANN (Maximilien). à Lisbonne.

Table-bureau en acajou avec commutateurs, galvanomètres, récepteur et rouet.
Petit bureau portatif avec récepteur Morse et ses accessoires.

ROYAUME DE DANEMARK.

HJORTH (S.). à Copenhague.

Batterie magnéto-électrique.

THOMSEN (Jules). à Copenhague.

Batterie de polarisation.

EMPIRE DE RUSSIE.

COMPAGNIE RUSSO-AMÉRICAINE DE LA MANUFACTURE DE CAOUT-
CHOUC. à Saint-Pétersbourg.

Fils télégraphiques isolateurs.

ÉTABLISSEMENT GALVANIQUE DU CORPS DU GÉNIE, à Saint-Pétersbourg.

> Appareils électro-télégraphiques.
> Sonneries.
> Deux galvanomètres.
> Appareil magnéto-électrique.

PIK (Joseph), à Varsovie.

> Récepteur Morse avec son manipulateur.

ROYAUME D'ITALIE.

PICCO (Thomas), à Alexandrie.

> Paratonnerre automatique à l'usage des bureaux télégraphiques.

SACCO (Gaspard), à Turin.

> Appareils télégraphiques.

LONGONI et DELL'ACQUA, à Milan.

> Télégraphe système Morse et Maroni.

BONELLI (Gaétan), à Florence.

> Appareil typotélégraphique. Appareil autographique.

POGGIOLI (Joseph), à Florence.

> Appareil télégraphique Morse.

TREVISANI (Mrs Joseph et Ignace), et HALLIÉ (François-Ernest), à Ascoli
Piceno).

> Câble électrique sous-marin.

DETTI (Bélisaire) et fils, à Naples.

> Bout de câble télégraphique sous-marin.
> Plume pour écrire les dépêches.

BALESTRINI (Albert), à Paris.

> Câble et sonde électrique.
> Modèles de stations sous-marines.
> Modèle de machine pour poser les câbles électriques.
> Plan d'une ligne transatlantique.
> Profil de cinq sections.

EMPIRE OTTOMAN.

HARICHE OGHLOU. (Eyalet et ville de Sivas.)

> Piles électriques pour la télégraphie.

VICE-ROYAUTÉ D'ÉGYPTE.

Vases poreux en terre de Keneh pour piles électriques.

ÉTATS-UNIS D'AMÉRIQUE.

MORSE (S. E. et G. L.).

> Modèle de pose et de relèvement des câbles télégraphiques sous-marins.

COSTON (Mme M. J.). à Washington. (District de Colombie.)

> Signaux télégraphiques de nuit à l'usage de la marine.

FARMER (M. G.). à Boston. (Massachusetts.)

> Deux batteries thermo-électriques.

WARD (A. F.). à Philadelphie. (Pensylvanie.)

> Combinaison de couleurs appliquées aux signaux.

ROYAUME-UNI DE GRANDE-BRETAGNE
ET D'IRLANDE.

HENLEY (W. J.), à Londres, Leadenhall-Street, et à Nord-Woolwich.

Câbles sous-marins pour la télégraphie électrique.

HOOPER (W.), à Londres, Pall-Mall, E. 7.

Câbles télégraphiques.

NICOLL (D.). à Londres, Oldklands-Hall. (Hilburn.)

Spécimens de fils et de câbles pour la télégraphie électrique.

SIEMENS frères, à Londres. Great-George-Street, 3. (Westminster.)

Appareils télégraphiques.
Deux parleurs avec relais et manipulateur.
Deux appareils pour mesurer la vitesse des ondes électriques.
Unité Siemens.
Paratonnerre pour deux lignes.
Relais et galvanomètre combinés.
Appareil pour mesurer les résistances.
Manipulateur pour la transmission sous-marine.
Pile Marié-Davy.
Récepteur Morse monté sur planchette, avec relais.
Manipulateur et galvanomètre pour la télégraphie sous-marine.
Trois récepteurs Morse. (Modèles différents.)
Poteaux en fer pour lignes.
Échantillons de câbles.
Isolateurs en grès.
Pyromètre pour mesurer la température de la mer.
Deux télégraphes électro-magnétiques à cadran.
Manipulateur Morse magnéto-électrique.
Échantillons de bandes de papier.

COLONIES ANGLAISES.

(CANADA.)

CHANTELOUP (Ernest). à Montréal.

> Récepteur Morse.
> Manipulateur Morse.
> Deux relais. (Modèles différents.)
> Commutateur.

NOMENCLATURE

SUPPLÉMENTAIRE

DES EXPOSANTS ET DES PRODUITS.

(CLASSES DIVERSES INTÉRESSANT LE SERVICE TÉLÉGRAPHIQUE.)

CLASSE 11.

FRANCE.

COURANT (T.), à Paris, rue Louis-le-Grand, 31.

    Appareil électro-médical.

NOS D'ARGENSE (P.), à Paris, boulevard des Italiens, 9.

    Divers appareils électro-médicaux.

MOREAU (A.), à Paris, rue Choiseul, 18.

    Appareil électro-médical.

BELGIQUE.

BALTINCK (Edmond), à Ostende.

    Appareil électro-médical.

    Chaîne galvanique au magnésium.

GLOESENER (M.), à Liége.

    Appareils électro-médicaux.

PRUSSE

ET ÉTATS DE L'ALLEMAGNE DU NORD.

PISCHEL (Ernest), à Breslau.

> Appareil galvanique d'après le docteur Middeldorff.

AUTRICHE.

KOVACS (Dr Joseph), à Pesth. (Hongrie.)

> Indicateur électrique à sonnette, avec pince pour projectiles.

KRAVOGL (Jean), à Innsprück. (Tyrol.)

> Appareil de rotation électro-magnétique à l'usage de la pratique médicale.

RUSSIE.

WEISBLUM (Julien), à Varsovie.

> Instruments électro-médicaux.

ÉTABLISSEMENT GALVANIQUE DU CORPS DU GÉNIE, à Saint-Pétersbourg.

> Inducteur électro-magnétique médical.

PIK (Joseph), à Varsovie.

> Appareil électro-médical.

ESPAGNE.

CLAUSOLLES (Emilio), à Barcelone.

> Appareil d'électro-thérapie.

DANEMARK.

REIERSEN (S. M. S.), à Copenhague.

Appareil à frottement électrique.

SUÈDE.

THEORELL (A. G.), à Upsala.

Appareil enregistreur pour les observations du baromètre et du thermomètre.

ITALIE.

CINIZELLI (Louis), à Crémone.

Pile à courant continu applicable aux opérations de chirurgie, à la thérapeutique et aux recherches physiologiques.

CLASSE 12.

FRANCE.

RUHMKORFF (H.), à Paris, rue des Maçons-Sorbonne, 15.

Appareil de Foucault, pour l'échauffement d'un disque en mouvement entre les pôles d'un électro-aimant.

Galvanomètre de projection.

Pendule balistique de Brettes.

Pyromètre de Becquerel, pour la température des fourneaux.

Boussole des tangentes, de Gaugain.
Lampe électrique de mineur.
Thermomètre électrique de Becquerel.
Appareils électro-médicaux.
Machine électro-magnétique de Nollet.
Appareil d'induction.
Interrupteur de Foucault.
Pile thermo-électrique de Becquerel.
Machine électrique de Holz.
Électro-aimant destiné aux expériences de magnétisme et de diamagnétisme construit pour l'École polytechnique.

DUMOULIN-FROMENT (P.). à Paris. rue Notre-Dame-des-Champs. 85.

Deux moteurs électro-magnétiques.
Une horloge électrique.

SCHULTZ (Capitaine F. P. E.). à Meudon. (Seine-et-Oise.) Ateliers de l'Empereur.

Chronographe électrique, avec diapason électro-magnétique. de Lissajoux.
Appareil servant à mesurer les durées de trajet d'un projectile entre un nombre quelconque de points de son parcours dans l'âme d'un canon ou d'un fusil.

GAIFFE (L. A.). à Paris, rue Saint-André-des-Arts. 40.

Appareil de Bourbouze, pour les lois de la chute des corps.
Moteur électro-magnétique.
Interrupteur à mercure, de Foucault. pour les grandes bobines d'induction.
Plusieurs modèles d'appareils électro-médicaux.
Petite bobine de Ruhmkorff.
Tubes lumineux de Geissler.
Appareil de Foucault, pour le développement de la chaleur par induction.

Régulateur photo-électrique.

Bobine d'induction de Ruhmkorff, et appareil de démonstration.

·   Tubes phosphorescents de Becquerel.

SEGUY (C. H.), à Paris. cour du Commerce. 25.

Tubes de Geissler.

ALVERGNAT frères, à Paris. passage de la Sorbonne. 20.

Tubes de Geissler.

SERRIN (V.), à Paris. rue Papin, 7.

Régulateurs automatiques de la lumière électrique (entre autres celui du phare de la Hève).

TROUVÉ (G.), à Paris, rue Godot-de-Mauroy. 49.

Bijouterie électrique.

MATHIEU (L. A.), à Paris. rue d'Angoulême-du-Temple. 38.

Appareils et horloges électriques.

HIRN (G. A.). au Logelbach. (Haut-Rhin.)

Appareil dit *pandynamomètre électrique*, propre à mesurer le travail mécanique.

DARNET et LUISARD (L.).

Appareils et moteurs électriques.

DUBOSCQ (L. J.), à Paris, rue de l'Odéon. 21.

Régulateur de lumière électrique.

KOENIG (Rudolph). à Paris, rue Hautefeuille. 30.

Appareils électriques pour l'étude de l'acoustique.

HARDY (E.), à Paris, rue de Sèvres. 21.

Chronographe électro-balistique.

BERTSCH. rue Fontaine-Saint-Georges, 27.
    Électrophore continu.

PAYS-BAS.

VICHOFF (K. J.), et MATTHIESEN. à Paris.
    Gouvernail télégraphique.

BEKKING (J. A. M.). à Rotterdam.
    Appareil galvanique.

BELGIQUE.

GLOESENER (M.), à Liége.
    Chronographes électriques à cylindre tournant, à pendule et
à barre.
    Galvanomètres ou multiplicateurs enregistreurs.

JASPAR (J.). à Liége.
    Appareils électro-balistiques.
    Régulateur photo-électrique.

PRUSSE.

ROHRBECK (W. J.). maison J. F. Luhme et Cⁱᵉ. à Berlin.
    Appareils de polarisation.

SCHULTZ (Guillaume), à Berlin.
    Quatre machines électriques de Holz.

HUGERSHOFF (François). à Leipsick. (Saxe.)
    Machine électrique.
    Machine à influence.

BORCHARD, à Berlin.

> Électrophore.

AUTRICHE.

HAMAR (Léon DE), à l'École industrielle de Pesth. (Hongrie.)

> Batterie galvanique.
> Régulateur de lumière galvano-électrique.
> Clavecin électro-magnétique.
> Électro-aimant.

KRAVOGL (Jean), à Innspruck. (Tyrol.)

> Modèle d'une machine dynamique électro-motrice.

LEOPOLDER (Jean), à Vienne. Theresianum Gasse, 3.

> Enregistreur électrique.
> Indicateur anémométrique pour appareils de ventilation.

MARCUS (Siegfried), à Vienne, Mariahilfer Strasse, 107.

> Batterie thermo-électrique.

WINTER (Charles), à Vienne, Waag Gasse, 7.

> Machines électriques.

CONFÉDÉRATION SUISSE.

SOCIÉTÉ GÉNEVOISE.

> Construction d'instruments de physique.

SUÈDE.

THEORELL (A. G.), à Upsala.

> Appareil enregistreur pour les observations du baromètre et
> du thermomètre.

RUSSIE.

BOUTKEVITCH (Félicien). à Moscou.

Régulateur électro-magnétique.

WESSELHOFT (Martin). à Riga.

Machine électrique de Topler.

PIK (Joseph). à Varsovie.

Appareil électro-magnétique.

ITALIE.

LONGONI et DELL'ACQUA (Maison).

Appareils électriques.

MANNELLI (Jacques). à Reggio. (Émilie.)

Moteur électrique.
Voltamètre.

BALSANO (Joseph-Eugène). à Lecce.

Pile voltaïque.

CANDIDO (Joseph), à Lecce.

Pendule électro-magnétique sexagésimale.
Pile et réveil électriques.

LUCIFERO (Thomas). à Messine.

Rhéostat à mercure.
Pile à chlorure de soude.

COOTA-SAYA (Antoine), à Messine.

Fil d'épreuve électrique.

MAGRINI (Louis), pour le cabinet de physique du musée royal de Florence.

> Appareil électrique pour obtenir des sons musicaux.
> Appareils électro-magnétiques.
> Étui électro-magnétique.

GIORDANO (Julien), à Naples, pour le cabinet de physique de l'Université.

> Sphéromètre électrique.

CAVALLERI (Jean), à Monza. (Milan.)

> Lampe électrique.

ÉCOLE ROYALE D'APPLICATION POUR LES INGÉNIEURS LAURÉATS, à Turin.

> Appareil électrique pour la démonstration des lois de la distribution de la vapeur.

ÉTATS PONTIFICAUX.

SECCHI (Le Père), directeur de l'Observatoire du collége romain, à Rome.
> Machine météorographique.

ÉTATS-UNIS.

BOND (Mme R. F.), à Boston. (Massachusetts.)
> Chronographe électrique.

ROYAUME-UNI DE GRANDE-BRETAGNE
ET D'IRLANDE.

THEILER (Meinrad), à Londres, Barnsbury road, 136.
> Appareils télégraphiques.

STATHAM (William Edward). à Londres, Strand. 111.

Appareils électriques divers.
Télégraphe anglais à aiguille.

CLASSE 23.

FRANCE.

DETOUCHE (L. C.), à Paris. rue Saint-Martin. 222.

Horloges électriques.

GARNIER (Paul), à Paris, rue Taitbout. 6.

Horloges électriques.

BEIGNET (E.), à Paris. rue Montmartre, 96.

Horloges électriques.

LESIEUR et PRUDHOMME, à Paris. rue de la Coutellerie, 6.

Pendules et cadrans électriques.

LUTZENRATH (A.). à Paris. rue de la Pépinière. 112.

Pendule électrique.

BELGIQUE.

GÉRARD (A. J.), à Liége.

Horloge électrique.

GLOESENER (M.). à Liége.

Horloges électriques et magnéto-électriques.

PRUSSE.

TIEDE (F.). fournisseur de la cour. à Berlin.

Pendule électro-magnétique.

BAVIÈRE.

REITHMANN (Chrétien). à Munich.

Horloges électriques.

ITALIE.

MASETTI (Barthélemy) et MARASENI (Gaétan). à Bologne.

Pendules à moteur électrique.

BRIGHT (H.). à Leamington. Union parade. 2.

Horloges électriques sans batteries à conducteurs acides.

DEUXIÈME PARTIE.

MATÉRIEL ET ÉTABLISSEMENT DES LIGNES.

FABRICATION ET INSTALLATION
DES FILS.

Il y a trente ans environ que les premières communications électriques ont été établies, et, depuis cette époque la construction des lignes s'est naturellement améliorée. Nous ne parlons pas des lignes souterraines ni des lignes sous-marines, qui ne sont établies avec succès que depuis quelques années; mais les lignes aériennes elles-mêmes ont été l'objet de perfectionnements successifs. Il semble même que ce soit dans ces dernières années seulement qu'on se soit rendu compte des conditions dans lesquelles ces lignes doivent être installées pour répondre aux exigences d'un service de plus en plus développé.

Depuis longtemps le fil de cuivre n'est plus employé pour les lignes établies à l'air libre; ces lignes sont établies exclusivement avec du fil de fer.

L'Exposition présente un assez grand nombre d'échantillons du fil employé dans le plus grand nombre de cas. Ce sont des fils de 3 et surtout 4 millimètres de diamètre pour la partie française, et de dimensions à peu près correspondantes pour les nations étrangères. Des fils de 5 et même de 6 millimètres sont employés dans certaines circonstances spéciales.

Les fils de fer fabriqués en France sont affinés au bois.

La Belgique fait usage pour ses lignes télégraphiques de fer affiné au coke, et les métallurgistes belges préparent ainsi des fils dont la qualité n'est pas inférieure à celle des fils français traités au bois.

Les procédés de tréfilage appliqués aux fils télégraphiques n'offrent rien de particulier. Ces fils sont galvanisés. L'opération consiste à les plonger dans un bain de zinc fondu après les avoir décapés par une immersion dans un acide. La couche de zinc qui adhère au fil doit y être attachée assez fortement pour ne pas s'en détacher par la torsion.

Pour éviter que le fil ne soit rugueux, on le fait quelquefois passer dans une filière à la sortie du bain de zinc. La filière doit avoir un diamètre tel que le fil, en passant, ne fasse qu'effleurer les bords. Trop large, elle ne remplirait pas le but qu'on se propose. Trop étroite, elle enlèverait complétement le zinc.

Quelques nations, la Prusse entre autres, emploient des fils de fer non galvanisés. Ces fils sont simplement recuits dans un bain d'huile. Cette opération ne préserve leur surface contre l'oxydation que pendant un temps assez court. Mais ceux qui emploient ces fils considèrent que la rouille, si elle ronge lentement le fer, a du moins la propriété d'être plus isolante que l'oxyde de zinc. Ils estiment que, si le fil s'use ainsi plus vite, il est moins sujet aux déperditions de courant qui se produisent par l'atmosphère. Il faudrait une série d'expériences pour déterminer la valeur de ces opinions. Jusqu'ici le fil galvanisé a prévalu dans la pratique de la plupart des pays.

On a songé quelquefois à remplacer les fils de fer par des fils d'acier, de façon à augmenter la ténacité des conducteurs; et la facilité avec laquelle se fabrique maintenant le fer aciéreux (procédés Bessemer et autres) remet cette question à l'ordre du jour. Il faut dire pourtant que la ténacité des fils de fer actuels est suffisante pour l'usage qu'on en fait; d'autre part, il résulte de quelques essais faits sommairement que la conductibilité électrique des fils d'acier est notablement inférieure à celle des fils de fer; ce fait s'explique naturellement par la présence du carbone dans l'acier. Or, ce qui importe surtout, c'est d'augmenter la conductibilité électrique des lignes, et c'est à atteindre ce résultat que l'on s'attache principalement depuis quelques années. L'Exposition présente quelques-uns des appareils qui ont été construits récemment, et au moyen desquels on étudie la résistance des lignes en vue de les rendre plus conductrices. Les études, faites d'abord sur les lignes sous-marines pour lesquelles elles offraient une importance spéciale, s'étendent maintenant aux lignes aériennes.

Il faut remarquer tout de suite que la considération la plus importante dans cet ordre d'idées n'est pas celle de la conductibilité intrinsèque du fil. Les divers échantillons ne présentent, à cet égard, que des différences assez peu sensibles. C'est, du moins, ce que l'on est en droit de présumer; car, jusqu'ici, peu d'essais ont été dirigés dans ce sens. C'est qu'en effet une importance beaucoup plus grande s'attache aux procédés employés dans la construction des lignes pour le raccordement des fils. Les fils sont

ordinairement livrés par les usines métallurgiques, en
bottes de longueur médiocre. Ces bottes pesaient autrefois 25 kilogrammes. L'administration française exige
maintenant qu'elles pèsent 40 kilogrammes, ce qui donne.
pour du fil de 4 millimètres, une longueur totale de
400 mètres. On peut voir dans l'exposition anglaise des
échantillons de bottes pesant 200 kilogrammes. mais c'est
là une fabrication exceptionnelle. Dans les conditions ordinaires, il y a pour chaque kilomètre de ligne trois ou
quatre points de jonction qui peuvent, si l'on adopte un
système défectueux. créer une résistance considérable au
passage du courant.

Diverses méthodes ont été employées successivement
pour raccorder les bouts de fils. Pendant longtemps on
s'est contenté de tordre l'une sur l'autre les deux extrémités des conducteurs. On obtenait ainsi un joint qui portait le nom de *torsade*. Tantôt les deux fils étaient, dans
toute la longueur du joint. tordus également l'un sur
l'autre. Tantôt. sur chacune des moitiés du joint, l'un des
fils servait d'axe d'enroulement à l'autre. Le système des
ligatures a été employé concurremment avec celui des torsades : on appliquait les deux fils l'un contre l'autre sur
une longueur de 8 centimètres environ, puis. après en
avoir recourbé les deux bouts pour former deux sortes de
crochets, on les serrait fortement au moyen d'un petit fil
de fer fin dont on rendait les spires jointives. La torsade
et la ligature étaient d'ailleurs, dans beaucoup de cas au
moins. complétées par l'emploi de la *soudure ;* un alliage
de plomb et d'étain était versé sur le joint convenable-

ment décapé, de manière à en augmenter l'adhérence et
à en assurer la continuité métallique.

Ces divers modes de raccordement avaient chacun leurs
désavantages. Ils avaient d'ailleurs cet inconvénient commun, que la soudure prenait difficilement sur les ligatures comme sur les torsades, et que l'adhérence se trouvait rapidement diminuée. L'administration française leur
a maintenant substitué un procédé qui donne les meilleurs résultats. Elle emploie des *manchons* en fer galvanisé dans lesquels les deux fils sont serrés et soudés. Le
manchon (fig. 1) porte sur une de ses faces un trou *m*; il

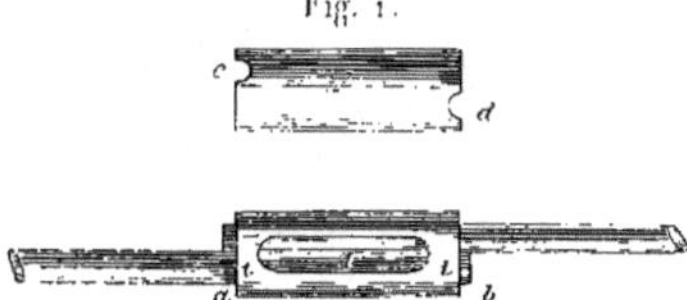

est d'ailleurs percé, à
ses deux extrémités *a*, *b*,
d'orifices qui peuvent
strictement donner
passage aux deux fils.

Les fils sont introduits à frottement et juxtaposés dans le
manchon. Leurs deux extrémités sont repliées en crochet
dans deux entailles *c*, *d* qui sont pratiquées sur la paroi
pleine du manchon et qui ont juste le diamètre voulu. La
soudure, formée de deux parties d'étain pour une de plomb,
est alors introduite goutte à goutte avec un fer à souder
dans le trou latéral du manchon, et vient baigner les deux
fils qui se touchent déjà fortement par une de leurs arêtes.
Quelques gouttes assurent un contact parfait. Le joint
ainsi préparé ne forme plus qu'une seule masse de métal
dont la solidité et la conductibilité électrique ne laissent
rien à désirer.

Ce système est sanctionné par l'expérience. Il a nota-

blement augmenté la conductibilité des lignes françaises
où il a été introduit, et il s'offre comme un perfectionnement certain aux administrations étrangères qui ne l'ont
pas encore adopté. Mais les joints ordinaires n'étaient pas
les seuls points où le passage du courant pût éprouver
une résistance anomale. La télégraphie française avait
depuis longtemps introduit dans son matériel des *tendeurs*
qui se plaçaient de kilomètre en kilomètre sur le fil, pour
permettre de le régler à volonté. Cet appareil consistait
essentiellement en deux tambours de fer galvanisé sur lesquels s'enroulaient les deux extrémités du fil; les deux
tambours étaient attachés à des lames de fer qu'une clavette réunissait, l'ensemble du système étant d'ailleurs
porté par un support de porcelaine. On reconnut à la
longue que le tendeur offrait un certain danger pour la
conductibilité de la ligne. Il n'y avait pas de reproche bien
grave à faire au contact des fils avec les tambours sur lesquels ils étaient enroulés; mais la clavette qui réunissait
les deux parties du tendeur donnait, dans bien des cas,
une communication défectueuse. On y remédiait, il est
vrai, au moyen d'un petit fil qui établissait entre les deux
sections du conducteur une jonction tout à fait indépendante du tendeur. Mais l'emploi de ce petit fil, qui était
d'ailleurs souvent négligé dans la pratique, ne remédiait
que d'une façon incomplète à la discontinuité du fil principal. L'administration française, adoptant les errements
de la plupart des administrations étrangères, en vint à
supprimer les tendeurs. Elle arrête maintenant les fils environ tous les 500 mètres sur des supports d'une forme

spéciale appelés *isolateurs-arrêts* (fig. 2). Le fil, simplement fixé par une ligature au
mamelon de l'isolateur, fran-
chit ce support sans aucune
coupure, au grand profit de la
conductibilité. Cet avantage a
paru assez considérable pour
être acheté au prix des facilités que donnait le tendeur dans
la construction des lignes et
dans la réparation des dérangements. Les tambours sur
lesquels le fil s'enroulait permettaient en effet d'augmenter aisément ou de diminuer
la longueur de chaque portée.

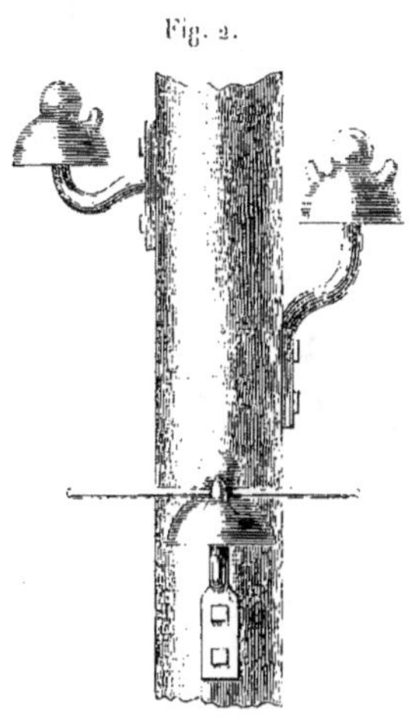

Fig. 2.

Est-il possible de combiner les avantages qu'offre l'arrêt des fils sur les isolateurs avec ceux que présente leur
enroulement sur un tambour? On peut voir au Champ
de Mars quelques modèles d'appareils de tension qui ne
sont pas destinés à être fixés sur les poteaux; ce sont des
cylindres qu'on place au milieu du fil pour en régler la
longueur. Mais, outre qu'ils chargent le conducteur en un
de ses points d'un poids anomal, il est assez difficile de
les atteindre quand on veut les manœuvrer. Ils sont d'un
usage incommode, et par conséquent très-restreint.

ISOLATEURS.

L'Exposition présente naturellement un grand nombre de supports isolants, en porcelaine, en verre ou en grès.

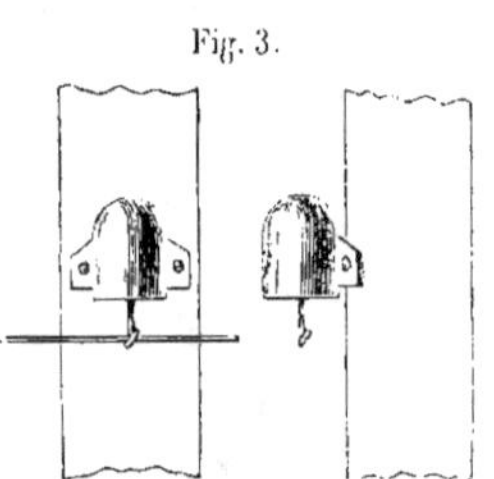

Fig. 3.

quelques-uns en caoutchouc durci ou en gutta-percha. Il n'y a pas lieu de décrire ici tous ces appareils; ils offrent quelques variétés dans leurs détails, mais ils sont tous analogues dans leur principe.

Ils ont, en général, la forme d'une calotte ou d'une cloche qui tourne vers la terre sa surface concave. Cette surface, mise ainsi à l'abri de la pluie, isole le fil du support. Tantôt le fil est porté par un crochet scellé dans la concavité de la cloche; celle-ci est alors fixée au poteau par des vis (fig. 3 et 4) ou par des brides de diverses sortes. Tantôt, au contraire, le fil est placé au sommet de l'isolateur dont la partie inférieure reçoit une tige recourbée qui le fixe au poteau (fig. 5 et 6).

Fig. 4.

Fig. 5.

C'est à cette seconde catégorie qu'appartiennent les isolateurs-arrêts employés par l'administration française, et dont il a été fait mention plus haut (fig. 7).

Dans tous ces appareils, l'isolement résulte principale-

ment, comme il vient d'être dit, du bon état de la surface qui sépare le fil du support. Aussi doit-on entretenir

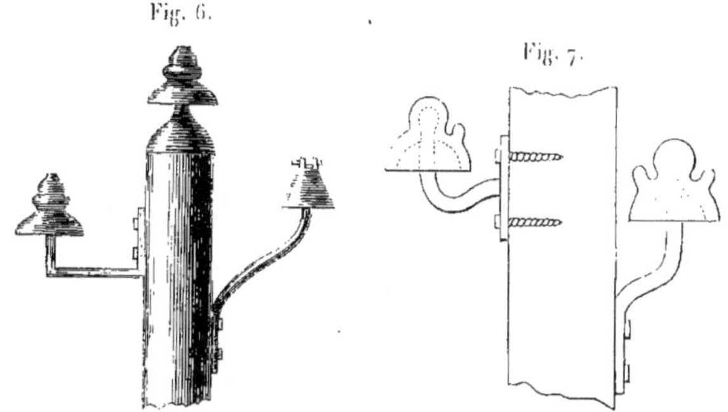

Fig. 6.

Fig. 7.

avec soin la propreté de cette surface, et ne pas y laisser
accumuler la poussière, qui, en raison de sa nature hygro-
métrique, forme, par les temps humides, une petite couche
conductrice. Il est évident, d'ailleurs, qu'on a intérêt à
augmenter les dimensions de cette surface dans les limites
où la pratique le permet. C'est ce motif qui a conduit
l'administration française à adopter un modèle plus large

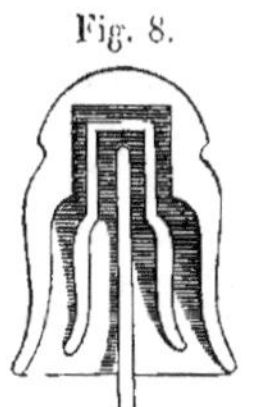

Fig. 8.

que celui qui lui servait primitivement. Dans
quelques pays on a, dans le même ordre
d'idées, cherché à interposer entre le fil et le
support deux surfaces isolantes placées l'une
dans l'autre. Tel est, par exemple, le modèle
dont la figure 8 représente la coupe. Les
Russes, les Prussiens se servent de supports
de ce genre. La forme en est un peu compliquée et la fabrication difficile. On a essayé aussi d'émailler le crochet
métallique qui supporte le fil, en vue d'introduire, indé-

pendamment de la cloche, une seconde surface isolante; mais on a reconnu que l'émail s'use rapidement et use le fil.

Les figures 9, 10, 11, 12 indiquent quelques formes particulières de supports.

Les crochets fixés aux cloches ou les consoles qui les supportent (suivant les modèles) étaient autrefois scellés au soufre; on a renoncé à ce scellement, qui faisait souvent fendiller la porcelaine. On se sert maintenant d'un mastic formé de plâtre à mouler gâché avec une petite quantité de colle forte. Depuis quelque temps, on emploie dans plusieurs pays un

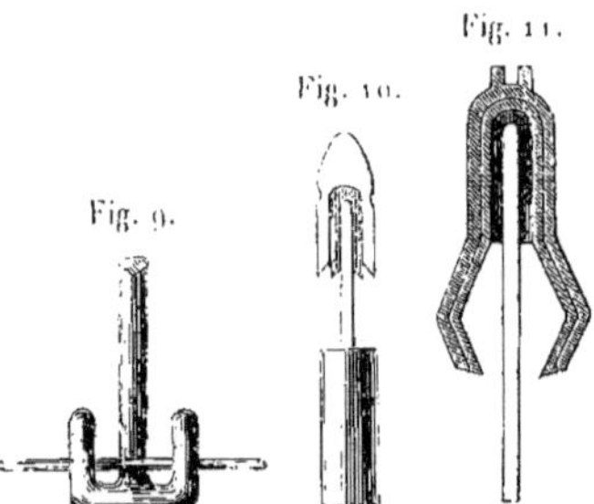

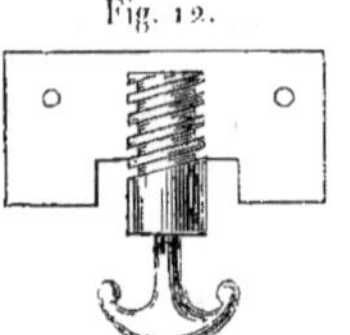

système différent; l'isolateur est fixé sur sa tige au moyen de chanvre imprégné d'huile de lin ou de goudron. Ce procédé, inauguré en Danemark, s'est répandu en Prusse et en Russie.

Jusqu'à ces derniers temps on n'avait attaché qu'une importance secondaire à comparer les différentes espèces de porcelaine au point de vue de l'isolement. Mais l'administration française a été amenée, par ses études générales sur la construction des lignes et les divers éléments qui servent à les former, à faire étudier tout spécialement cette question. M. Gaugain a été chargé de faire une série d'expériences à ce sujet.

Ses recherches ont établi que toutes les pâtes de porcelaine n'étaient pas également isolantes; il y en a qui peuvent donner passage à une certaine quantité d'électricité, à travers la masse même de l'isolateur, entre le fil et le support. On peut constater par des essais directs le degré de conductibilité qu'offrent. à cet égard, les différents isolateurs. Il suffit pour cela de placer les cloches renversées dans l'eau de telle sorte que la surface extérieure en soit presque entièrement mouillée; on verse également de l'eau dans la cavité intérieure de manière à la remplir presque jusqu'au bord; on établit alors entre le liquide du dehors et celui du dedans une communication électrique passant par un galvanomètre très-sensible.

M. Gaugain a appliqué ce procédé d'investigation aux divers échantillons d'isolateurs usités en Europe : aux isolateurs à double cloche de Prusse, de Danemark, de Russie, de Suède, de Lubeck, d'Italie, de Belgique (grand modèle), de Wurtemberg, d'Angleterre (modèle Volet): aux isolateurs à simple cloche d'Autriche, de Suisse, de Belgique (petit modèle), de Bade, de Bavière, de France (modèle ordinaire à oreilles et cloche-arrêt). Il a trouvé dans plusieurs de ces isolateurs, dans ceux de Bavière et de France notamment, une certaine *conductibilité de masse*. Cette conductibilité n'existe pas pour tous les isolateurs d'un même modèle, alors même qu'ils proviennent tous de la même fabrique; elle varie d'ailleurs dans les limites les plus étendues pour des échantillons qui paraissent ab-

solument semblables. Des isolateurs du même modèle ont
ainsi donné des résistances variant de 1 à 10.000. Une
ligne d'essai ayant été construite avec une centaine d'isolateurs donna une certaine perte ; on circonscrivit gra-
duellement cette perte, et on en vint à reconnaître qu'elle
se produisait tout entière par un seul des isolateurs.

Ces faits montrent qu'il est nécessaire de prendre des
précautions spéciales pour s'assurer de l'isolement que
donnent les supports en porcelaine. Il y a lieu de les sou-
mettre à un essai préalable fait suivant la méthode qui a
été indiquée tout à l'heure, et qui permet de rejeter tous
ceux qui ne se trouvent pas dans des conditions satisfai-
santes. Un des isolateurs que M. Gaugain a soumis à ses
essais, un des plus mauvais il est vrai, n'offrait qu'une
résistance de 26,000 kilomètres (de fil de fer de 4 millimètres). Il est clair que, si une ligne était construite avec
de pareils isolateurs, elle ne pourrait fonctionner que sur
une distance extrêmement petite.

En même temps qu'il étudiait la conductibilité qu'offre
la masse des isolateurs, M. Gaugain examinait celle qu'ils
offrent par leur superficie, et qu'il appelle la *conductibilité superficielle*. Tous les vernis ne sont pas également isolants et ne se comportent pas de même dans l'air saturé
d'humidité. Mais ils ne présentent pas, à cet égard, des différences considérables comme celles qui ont été signalées
plus haut ; ici on n'a guère rencontré que des variations
du simple au double. On a constaté d'ailleurs l'influence
que la forme de la surface exerce sur la conductibilité superficielle. Les supports à double cloche, ceux dont la ca-

vité est profonde, isolent naturellement mieux que les autres; il y a là des différences qui vont de 1 à 5 ou 6.

Les études demandées à M. Gaugain par l'administration française ont également porté sur le scellement qui se fait dans la cavité des supports, et pour lequel on emploie actuellement, comme nous l'indiquions plus haut, soit le plâtre, soit le chanvre goudronné. Ce sont des substances assez hygrométriques; elles n'améliorent pas l'état des isolateurs dont la pâte présente une conductibilité de masse. Si, au contraire, on emploie pour le scellement une substance isolante comme la gomme laque, le caoutchouc durci ou le soufre pur, toute conductibilité de masse est détruite, et les supports les plus défectueux par eux-mêmes cessent d'offrir aucun passage au courant. Ce résultat a naturellement rappelé l'attention sur l'ancien scellement au soufre, qui a été abandonné parce qu'il faisait fendiller les porcelaines. On s'est demandé s'il ne conviendrait pas de revenir au soufre en cherchant à combattre par des moyens nouveaux l'inconvénient qu'il présente. A cet effet, on a proposé récemment de noyer dans le scellement un petit anneau de bois dont l'élasticité se prêterait au mouvement de la masse sulfureuse et garantirait ainsi la porcelaine.

POTEAUX ET SUPPORTS.

Les poteaux de bois sont usités dans tous les pays pour la construction des lignes télégraphiques. On emploie les bois durs dans les pays où ces bois sont assez communs. Dans certaines régions de l'Amérique, on se sert ainsi de chênes dont la durée moyenne va à dix ou douze ans. En France, et généralement en Europe, on se sert d'arbres résineux, de pins, de sapins, de mélèzes. On emploie quelquefois des aunes et des peupliers; mais on soumet ces bois à une préparation qui a pour objet de les préserver de la pourriture.

Les bois se détruisent par la décomposition des substances albumineuses qu'ils renferment. On en prolonge la durée, soit en chassant ces substances, soit en les combinant avec une matière que l'on introduit dans l'arbre et qui forme avec elles un composé insoluble et stable. Le sulfate de cuivre est ordinairement employé en France à cet usage. En Prusse, on s'est servi longtemps du chlorure de zinc. Les Anglais emploient à peu près exclusivement la créosote, qui provient de la distillation des goudrons de gaz. On se sert aussi quelquefois de sulfate de fer, de chlorure de zinc, de chlorure de fer, de pyrolignite de fer, de chlorure de mercure, voire même d'huile de lin.

On trouve dans diverses parties de l'Exposition des dessins qui représentent les procédés employés pour l'injection des bois et l'installation des chantiers où se fait cette opération.

Il y a deux procédés principaux pour injecter les bois :
c'est d'abord la méthode Boucherie, qui consiste à infil-
trer les arbres encore frais peu de temps après la coupe,
et qui convient spécialement aux poteaux télégraphiques;
c'est ensuite la préparation en vase clos, qui est sans
doute d'une application générale, mais qui est surtout
usitée pour les traverses des chemins de fer.

On connaît le procédé Boucherie, et l'administration
française, en l'adoptant dès l'époque où elle a eu à établir les premières lignes de télégraphie électrique, a
puissamment contribué à le vulgariser. Dans le système
du docteur Boucherie, tel qu'il a fonctionné d'abord et
tel qu'il fonctionne encore en quelques endroits, les poteaux sont transportés au chantier immédiatement après
avoir été abattus. On les dresse contre une plate-forme,
le pied en haut, en leur donnant une légère inclinaison.
La base appuyée contre la plate-forme est alors taillée en
cône, et on y adapte une calotte en plomb où l'on verse
une dissolution de sulfate de cuivre, que l'on renouvelle
à mesure qu'elle s'épuise. La dissolution, aidée par le
mouvement de la séve qui s'écoule, pénètre jusqu'à l'extrémité du poteau; l'injection est complète au bout de
cinq ou six jours.

La dissolution n'est ainsi entraînée dans l'arbre que
par son propre poids et par le mouvement de la séve. On
a songé naturellement à l'y introduire au moyen d'une
pression; de là l'emploi de la méthode désignée quelquefois sous le nom de *calottage au plateau*. Les arbres sont
placés dans une position très-inclinée, toujours le pied

en haut; ils sont mis en regard d'un long tuyau de plomb
qui règne tout le long du chantier. Un conduit y amène
le liquide d'un réservoir placé à 7 ou 8 mètres plus haut.
On place sur la base de chaque poteau un plateau de
chêne *cc* (fig. 13), qu'on y calfate à l'aide d'une corde ou

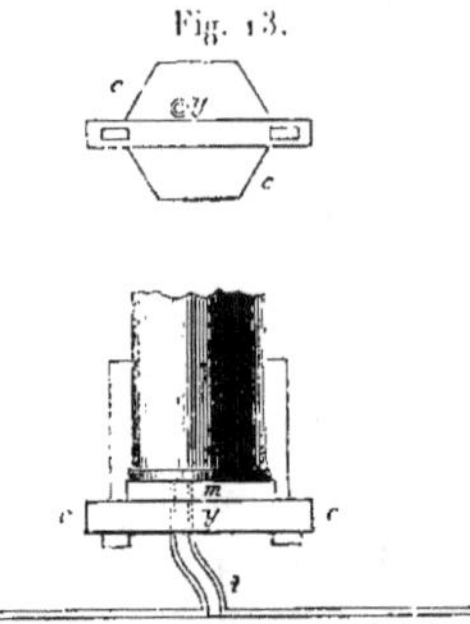

Fig. 13.

d'un ruban de caoutchouc, de
façon à laisser une petite chambre *m* pour l'introduction du liquide. Il reste à établir une communication entre cette chambre
et le tuyau où se trouve la dissolution de sulfate de cuivre. Sur
ce tuyau s'embranche à cet effet,
en regard de chaque poteau,
un petit tube *t* en gutta-percha,
terminé par une canule qu'on enfonce à frottement dur
dans un trou *y* dont le plateau de chêne est percé.

Ce procédé, qui demande une installation un peu plus
compliquée que le précédent, s'emploie de préférence
quand on a à opérer sur un grand nombre d'arbres.
Cette méthode permet d'ailleurs d'injecter les arbres deux
ou trois mois après qu'ils ont été abattus, surtout si l'a-
batage a eu lieu aux époques où la séve est parfaitement
fluide, c'est-à-dire dans les mois de décembre, janvier, février et mars, ainsi que dans ceux d'octobre et de novembre.

Il y a encore, avons-nous dit, le procédé d'injection
en vase clos, qui s'applique plus particulièrement aux traverses des chemins de fer et à quelques bois de construction. On place le bois dans une chaudière, on y introduit

de la vapeur pour opérer une sorte de lavage; on y fait
ensuite le vide pendant une heure pour ouvrir les pores
du bois, et on amène enfin la dissolution antiseptique
sous une pression de dix à douze atmosphères. En France,
on emploie le sulfate de cuivre à cet usage; en Angleterre
la créosote. Ce procédé est applicable à des bois abattus
depuis longtemps, même à des bois tout à fait secs. Mais
l'injection n'a lieu qu'à la surface, et on n'a obtenu ainsi pour
la préparation des poteaux que des résultats médiocres.

C'est ici le lieu de mentionner les procédés sommaires
qui servent à augmenter la durée des poteaux quand on
ne peut faire les dépenses de l'injection. Depuis longtemps on goudronnait, dans ce cas, la partie inférieure
de l'arbre jusqu'à 1 mètre environ au-dessus du sol.
Maintenant on préfère carboniser le bois sur toute la surface. On écorce l'arbre et on l'expose au feu pendant
quelques instants; on le retire dès que la surface devient
noire et que la carbonisation a pénétré à un demi-milli-
mètre environ de profondeur. Cette opération oblitère les
pores du bois et détruit les germes des vers et des in-
sectes. Au lieu de présenter les bois au feu, on se sert
ordinairement d'une lampe-chalumeau alimentée par des
huiles de goudron ou de pétrole, et dont on projette la
flamme sur la surface à carboniser. Dans les endroits où
l'on doit préparer de grandes quantités de bois, on ins-
talle même une soufflerie qui projette la flamme d'un
foyer de houille. Ces divers appareils portent le nom de
M. de Lapparent, qui en a vulgarisé l'emploi; on en
trouve des spécimens au Champ de Mars.

Il est clair, d'ailleurs, que l'on peut joindre les avantages de la carbonisation à ceux de l'injection. Depuis quelque temps, l'Administration française fait carboniser le pied des poteaux injectés qu'elle emploie.

Les poteaux en bois servent donc en général à l'établissement des lignes télégraphiques, et ils sont propres à cet usage grâce aux précautions préalables que l'on prend pour en augmenter la durée. On a songé aussi à se servir de poteaux métalliques, et quelques tentatives ont été faites dans cette voie. Quelques lignes ont été autrefois construites avec des poteaux en fer dans l'Allemagne centrale, en Saxe notamment : elles paraissent avoir été rapidement abandonnées. Le prix élevé d'un pareil système est d'ailleurs un obstacle sérieux à son extension.

Une ligne d'essai a été construite avec des poteaux en fer dans la banlieue de Paris, entre Colombes et Saint-Germain-en-Laye. Les poteaux sont de deux dimensions, 6 mètres et 7 mètres. Ceux de 6 mètres pèsent 135 kilogrammes. Le croquis ci-joint (fig. 14) en donne la forme.

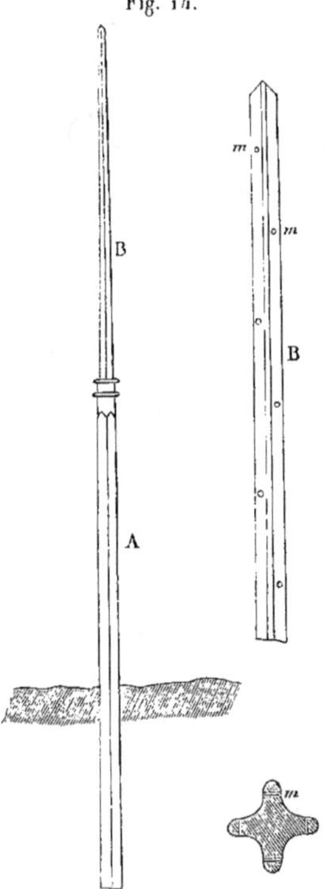

Ils sont composés d'un socle A de $3^m,5o$, enfoui en terre
de $1^m,5o$, et d'un couteau supérieur B de $2^m,5o$ qui s'em-
boîte dans le socle. Ce couteau supérieur supporte sept
isolateurs espacés de $3o$ centimètres. Les poteaux de 7 mètres ne diffèrent du modèle précédent qu'en ce que le
socle a 1 mètre de hauteur de plus, soit $4^m,5o$; ils sont
plantés à $1^m,6o$ de profondeur. Les supports en porcelaine sont fixés par des boulons aux trous m, m pratiqués
dans une des branches du couteau supérieur.

RÉSEAUX TÉLÉGRAPHIQUES.

De l'ensemble des renseignements qui précèdent on peut conclure que, si la construction des lignes aériennes a été, depuis quelques années, perfectionnée dans plusieurs détails, elle n'a cependant subi aucune modification fondamentale. Ce que les lignes aériennes présentent de plus remarquable, c'est le développement considérable qu'a reçu leur réseau. On en peut juger par les cartes que l'administration française a fait dresser par ses employés pour être exposées au Champ de Mars.

L'une d'elles indique les principales ramifications du réseau télégraphique international et fait ressortir l'importance relative des différentes parties de ce réseau.

D'autres cartes, qui ont tout particulièrement le privilége d'exciter l'attention des visiteurs, donnent une idée de l'installation du réseau français. De petites tiges de fer plantées sur la carte jalonnent les directions des différentes lignes et supportent des fils de soie de couleurs diverses (noirs, bleus, rouges et verts) qui figurent les conducteurs télégraphiques. Ces couleurs diverses correspondent aux différentes catégories que l'administration a été amenée, par les besoins du service, à introduire dans les fils. Les différentes espèces de fils (destinés à satisfaire des besoins différents) sont établies chacune dans des conditions appropriées à leur usage spécial.

Le développement général du réseau télégraphique ressort d'ailleurs des tableaux suivants, où sont réunis des renseignements de diverses sortes auxquels on trouvera sans doute quelque intérêt.

Comparaison entr

LIGNES ET BUREAUX TÉLÉGRAPHIQUES DE L'ÉTAT.	
	RÉSEAU DÉPARTEMEI
Nombre de kilomètres....... { de lignes	
{ de fils.............................	
	SERVICE ÉLEC'
Nombre de kilomètres....... { de lignes.............................	
{ de fils.............................	
	CÂBLES SOUS-MA
Nombre de kilomètres de câbles.............................	
Nombre de bureaux de l'État { de l'administration.............................	
ayant donné des produits, et { municipaux.............................	
desservis par les agents...... { sémaphoriques.............................	
TOTAUX.............................	
Nombre de dépêches taxées.... { françaises.............................	
{ internationales.............................	
TOTAUX.............................	
Produits totaux des taxes...... { françaises.............................	
{ internationales.............................	
TOTAUX.............................	
Produits moyens { par kilomètre.. { de lignes.............................	
{ de fils.............................	
{ par dépêche... { française.............................	
{ internationale.............................	
{ moyenne générale.............................	

s 1866 et 1867.

| ANNÉES | | DIFFÉRENCES sur 1866. | | OBSERVATIONS. |
1866.	1867.	En plus.	En moins.	
SE COMPRISE).				
32,225	35,157	2,932	//	
110,517	110,483	//	34	
PHORIQUE DU LITTORAL.				
1,423	1,423	//	//	
2,107	2,107	//	//	
A MÉDITERRANÉE.				
571	571	//	//	
564	576	12	//	
514	777	263	//	
131	133	2	//	
1,209	1,486	277	//	
379,681	2,682,810	303,129	//	
462,873	531,185	68,312	//	
842,554	3,213,995	371,441	//	
3,095^f 32^c	4,969,618^f 65^c	456,523^f 33^c	//	
4,495 29	3,690,226 63	495,731 34	//	
7,590 61	8,659,845 28	952,254 67	//	
239^f 18^c	246^f 31^c	7^f 13^c	//	
69 74	78 38	8 64	//	
1 89	1 85	//	0^f 04^c	
6 90	6 94	0 04	//	
2 71	2 69	//	0 02	

Répartition du nombre des dépêches et du montant des recettes de 1866 et 1867 entre les bureau

BUREAUX DESSERVIS PAR LES AGENTS.		NOMBRE DE BUREAUX.	NOMBRE DE DÉPÊCHES TAXÉES.		
			Intérieures.	Internationales.	TOTAL.
1° De l'administration.	1866......	564	2,253,564	457,851	2,711,415
	1867......	576	2,490,139	523,724	3,013,863
Différences.....	en plus.....	12	236,575	65,873	302,448
	en moins...	"	"	"	"
2° Municipaux......	1866.....	514	114,219	4,635	118,854
	1867......	777	179,285	6,824	186,109
Différences.....	en plus.....	263	65,066	2,189	67,255
	en moins...	"	"	"	"
3° Sémaphoriques....	1866......	131	11,898	387	12,285
	1867......	133	13,376	637	14,013
Différences.....	en plus.....	2	1,478	250	2,728
	en moins...	"	"	"	"
Totaux généraux.	1867......	1,209	2,379,681	462,873	2,842,554
	1866......	1,486	2,682,810	531,185	3,213,995
Différences.....	en plus.....	277	303,129	68,312	371,441
	en moins...	"	"	"	"

is par les agents de l'administration ou par les agents municipaux et sémaphoriques.

TAXES PERÇUES.			PRODUIT MOYEN PAR DÉPÊCHE		
...rieures.	Internationales.	TOTAL.	intérieure.	internationale.	TOTAL.
962f 13c	3,169,702f 57c	7,457,664f 70c	1f 90c	6f 92c	· 2f 75c
986 05	3,656,154 63	8,291,140 68	1 86	6 98	2 75
024 92	486,452 06	833,475 98	//	0 06	//
//	//	//	0 04	//	//
610 34	22,206 65	227,816 99	1 78	4 79	1 90
371 10	30,109 78	343,480 88	1 74	4 41	1 84
760 76	7,903 13	115,663 89	//	//	//
//	//	//	0 04	0 38	0 06
522 85	2,586 07	22,108 92	1 64	6 68	1 79
461 50	3,962 22	25,223 72	1 58	6 22	1 80
38 65	1,376 15	3,114 80	//	//	0 01
//	//	//	0 06	0 46	//
95 32	3,194,495 29	7,707,590 61	1 89	6 90	2 71
18 65	3,690,226 63	8,659,845 28	1 85	6 94	2 69
23 33	495,731 34	952,254 67	//	0 04	//
//	//	//	0 04	//	0 02

Développement du rés[eau...]

ANNÉES.	DÉPENSES		
	D'ÉTABLISSEMENT. (Matériel.)	D'ENTRETIEN ET D'EXPLOITATION Personnel.	Matériel.
1851	685,371f 32c	1,038,909f 07c	143,128f 2
1852	1,421,987 09	1,086,742 08	212,997 5
1853	2,388,699 86	1,360,370 01	433,720 6
1854	1,638,444 33	1,884,221 20	509,548 0
1855	961,989 09	2,601,423 38	464,725 8
1856	855,595 99	2,857,393 30	507,086 4
1857	675,535 29	2,969,600 01	789,926 7
1858	512,700 00	3,084,471 61	1,314,155 7
1859	(A) 2,266,216 00	3,517,926 89	1,141,179 9
1860	(B) 2,073,614 83	4,096,851 32	1,473,213 0
1861	2,119,217 15	4,847,877 13	1,746,530 0
1862	3,433,218 02	5,375,063 52	(C) 1,925,983 2
1863	(D) 616,259 68	5,656,021 18	2,507,400 9
1864	799,995 10	5,832,950 25	2,540,147 7
1865	1,028,686 97	6,122,989 48	2,857,443 1
1866	1,506,668 21	6,351,818 35	2,627,888 2
1867	940,675 03	6,812,310 84	2,632,134 0
TOTAUX (E)	(F) 23,924,873 96	65,496,939 62	23,827,210 0

(A) Cette somme comprend pour le réseau sémaphorique une part de................. 1,510,5[0]

(B) *Ibid.* .... 1,000,0[0]

(C) Les chiffres indiqués pour l'année 1862 et les suivantes comprennent les dépenses faites pour l'entretien du rés[eau] électro-sémaphorique.

(D) Cette somme comprend, pour l'achat et l'aménagement du navire *le Dix-Décembre*, une part de.. 301,2[8]

(E) A déduire, sommes versées ou à verser par les communes........ 650,0[0]

...hique de 1851 à 1867.

LONGUEURS	de FILS.	NOMBRE de BUREAUX.	VALEUR DU MATÉRIEL			
			DES LIGNES.	DES BUREAUX.	DIVERS.	TOTAL.
3¹	//	17	"	//	//	//
8	//	43	//	//	//	//
5	//	91	//	//	//	//
4	//	128	//	//	//	//
2	//	149	//	/	//	//
5	//	167	//	//	"	//
0	//	171	//	//	·	5,976,728f 10c
0	33,699k	193	"	//	//	6,858,065 37
6	45,914	240	"	//	//	8,690,137 44
9	59,976	364	//	//	//	11,893,697 72
7	68,847	455	//	//	//	13,091,084 62
6	85,114	508	12,700,320f 40c	2,140,420f 87c	501,654f 66c	15,342,395 93
4	90,327	537	13,340,209 59	2,054,309 91	569,648 29	15,964,167 09
9	95,086	610	14,408,313 81	2,090,534 99	597,577 85	17,096,426 65
9	99,574	953	16,089,895 70	2,478,033 37	433,671 62	19,001,600 69
5	110,517	1,209	16,576,105 49	3,098,755 88	531,249 18	20,206,110 55
7	110,483	(c)1,486	//	//	//	//
	//	//	//	//	//	//

es câbles de Corse et d'Algérie ont coûté en outre :

En 1860 .... 1,725,000f 00c
    1861 .... 1,177,325 00
    1862 .... 675,000 00
    1863 .... 424,494 33
    1865 .... 854,413 41

ndépendamment des bureaux de l'État, 1,139 gares de chemin de fer étaient ouvertes, en 1867, à la télégraphie

Développement de la correspondance télégraphique e

| ANNÉES. | NOMBRE DE DÉPÊCHES | | PERCEPTION DES BUREAUX DE L'ÉTAT. | | SO | |
	Intérieures.	Internationales.	Dépêches intérieures.	Dépêches internationales.	Internationaux.	avec les compag de chemins de
1850..	"		"		.	"
1851..	9,014		76,722^f 60^c		"	"
1852..	48,105		542,891 58		"	"
1853..	142,061		1,511,909 57		"	"
1854..	236,018		2,064,983 71		64,398^f 29^c	8,908^f
1855..	254,532		2,487,159 21		118,827 62	21,026
1856..	360,299		3,191,102 04		5,359 79	12,612
1857..	413,616		3,333,695 74		36,320 74	44,399
1858..	349,887	114,086	1,794,918^f 35^c	1,721,715^f 35^c	(A) "	105,800
1859..	453,998	144,703	2,072,314 15	1,950,485 63	(B) "	132,866
1860..	568,365	151,885	2,358,525 21	1,829,540 05	86,591 24	123,477
1861..	734,252	186,357	2,840,445 84	2,079,292 12	219,826 80	118,825
1862..	1,291,774	226,270	2,984,490 21	2,317,950 34	398.290 57	129,725
1863..	1,490,023	264,844	3,305,993 85	2,631,911 08	456,199 84	156,370
1864..	1,654,406	313,342	3,565,933 68	2,557.338 38	577,000 55	165,844
1865..	2,098,645	375,102	4,159,445 45	2,892,694 34	408,418 33	187,270
1866..	2,379,681	462,873	4,513,095 32	3,194,495 29	319,779 27	204,224
1867..	2,682,810	531,185	4,969,618 65	3,690,326 63	(c) "	234,698

La distinction entre les services intérieur et international n'a été introduite qu'à partir de 1858.

(B) Y compris 32,111^f 18^c de soldes créditeurs algériens rattachés aux recettes de la métropole en vertu d'... dérision du ministre des finances, du 25 septembre 1865.

(E)   Idem.   67.332 82   Idem.

(F)   Idem.   54,488 68   Idem.

...tes de la télégraphie privée de 1850 à 1867.

COMPTES avec les ministères.	COMPTES avec divers.	REMBOURSEMENT par les compagnies des dépenses du personnel.	TOTAUX DES RECETTES.	CORRESPONDANCE OFFICIELLE. Nombre de dépêches.	Taxes pour mémoire.
"	"	22.860f 00c	22,860f 00c	"	"
"	"	22.860 00	99,582 60	"	"
"	"	22.860 00	565,751 58		"
"	"	105.257 20	1.617.166 77		
4,611f 94c	"	141.371 86	2.284.274 26		
9,660 50	"	204,245 68	2.860,919 45	"	"
6,668 44	"	240,976 61	3,494.719 01	"	"
9,978 58	"	256.544 88	3.690.939 24	"	"
1,123 85	"	310.825 56	3.902.078 21	"	"
2,745 64	"	339.320 06	4,450,270 84	"	"
2,977 77	"	349.128 65	4,770.240 07	"	"
2,619 32	1,138f 77c	377,236 13	5,659,384 36	"	"
0,918 42	2,354 50	403,894 18	6,257,623 32	"	"
5,695 65	3,999 66	418,595 77	6,989,746 54	"	
3,504 95	3,095 86	435,139 79	7,317,857 25	526,618	1,541.320f 81c
0,957 53	977 84	442,957 67	8,134.833 12 (D)	568,647	1,800.630 48
2,239 55	7,585 22	451,507 96	8,810,260 32 (E)	564,398	1,513,495 75
3,936 91	7.712 96	456.507 33	9,558,189 17 (F)	519,088	1,368.368 15
		Total..............	80,516,696 11		

(A) A déduire les soldes débiteurs des comptes interna-
naux,.................... 52,305f 26c
(B)   Idem .... 97,456 99 } 265,069 47
(C)   Idem............. 115,307 22 }

Reste.............. 80,251,626 64

Résumé des comptes de télégraphie privée et d'abonnemen[t]

ANNÉES.	NOMBRE DE DÉPÊCHES privées.	COMPTES DE TÉLÉGRAPHIE PRIVÉE.		SOLDES DÉBITEURS VERSÉS AU TRÉSOR.
		Débiteurs (1) des compagnies.	Créditeurs (2) des compagnies.	
1854..	//	//	//	//
1855..	//	//	//	//
1856..	'	//	//	//
1857..	(5) //	//	//	22,361f 61c
1858..	34,588	130,170f 64c	32,729f 76c	97,440 88
1859..	56,237	175,277 68	50,162 35	125,115 33
1860..	57.269	164,917 08	48,909 35	116,007 73
1861..	70.022	187,642 26	77,215 92	110,426 34
1862..	109,217	231,351 12	108,993 90	122,357 22
1863..	141,003	286,722 30	137,716 16	149,006 14
1864..	156,964	314,652 27	155,234 18	159,418 09
1865..	184,187	364,650 65	188,737 90	180,912 75
1866..	194,781	383,846 01	(6) 186,197 17	(6) 197,649 84
1867..	206,794	410,206 51	183,948 02	226,258 49

...mpagnies de chemins de fer depuis 1854 jusqu'en 1867.

COMPTES D'ABONNEMENT. (3)		TOTAUX DES SOMMES VERSÉES au Trésor.
Nombre dépêches.	Taxes d'abonnement.	
	"	(4) 8,908f 46c
	"	21,026 44
	"	12,612 13
	23,474f 27c	45,835 88
·19	10,261 33	107,702 21
·74	7,747 02	133,862 35
·70	7,469 42	123,477 15
·96	8,399 04	118,825 38
·57	7,368 08	129,725 30
·28	6,752 74	155,758 88
·71	6,425 95	165,844 04
·19	6,358 03	187,270 78
·65	6,575 05	204,224 89
·77	8,439 52	234,698 01

OBSERVATIONS.

(1) Le compte débiteur comprend les taxes principales et accessoires encaissées par les Compagnies.

(2) Le compte créditeur comprend les sommes allouées pour ports et exprès, les remboursements et les remises de 20 p. o/o allouées aux Compagnies sur la taxe principale.

(3) Conformément aux décrets portant règlement d'administration publique relativement à l'organisation du service télégraphique des Compagnies, les dépêches concernant la sûreté des voyageurs, la sécurité de l'exploitation, la marche et la composition des trains, le service de la voie et du personnel, les mouvements du matériel et des marchandises, le service des marchandises et bagages enregistrés, sont transmises gratuitement. Les dépêches autres que les précédentes, intéressant le service du chemin, sont soumises à une taxe fixée au tiers par arrêtés ministériels.

(4) Les documents conservés dans les archives de l'Administration des lignes télégraphiques ne donnent pas de renseignements sur le nombre de dépêches d'abonnement taxées de 1854 à 1857.

(5) Antérieurement à 1857, les gares qui acceptaient des dépêches privées versaient les taxes encaissées dans les caisses des bureaux de l'État. La télégraphie privée dans les gares a été organisée par l'arrêté du 20 juin 1857.

(6) Remise de 20 p. o/o aux Compagnies en 1866 :

Nord............	75 gares.	9,891f 57c
Midi............	64	10,210 95
Est.............	200	11,512 22
Ouest...........	75	3,665 98
Orléans.........	390	14,747 04
Paris à Lyon et à la Méditerranée....	323	19,834 15
Victor-Emmanuel..	7	1,036 06
Creuzot..........	3	578 38
Violaines........	2	1,067 82
Beziers à Graissessac.	1	71 50
Sathonay.........	1	55 80
TOTAUX.....	1,139	72,611 47

Tableau comparatif mensuel des taxes perçues en 186(

MOIS.	RECETTES DES BUREAUX DESSERVIS EN 1867 PAR LES AGENTS			
	de l'Administration.	municipaux.	sémaphoriques.	TOTAL.
Janvier.................	615,599ᶠ 18ᶜ	23,037ᶠ 56ᶜ	2,270ᶠ 30ᶜ	640,907ᶠ 04
Février.................	562,509 02	20,553 65	1,506 03	584,548 70
Mars...................	620,728 00	22,253 10	1,869 53	⋅644,850 63
Avril..................	702,883 79	23,659 30	2,036 60	728,579 69
Mai....................	757,031 48	27,145 40	1,883 90	786,060 78
Juin...................	667,139 89	27,113 78	1,747 88	695,999 55
Juillet.................	720,185 88	30,967 95	2,402 20	753,554 03
Août...................	756.238 04	40,042 73	2,931 83	799,208 10
Septembre..............	684,567 18	37,569 83	2,741 47	724,879 98
Octobre................	828,489 66	35,553 80	1,984 45	866,027 91
Novembre..............	698,929 61	30,278 30	1,764 70	730,962 61
Décembre..............	676,838 95	25,305 48	2,084 83	704,266 26
TOTAUX... { 1867......	8,291,140 68	343,480 88	25,223 72	8,659,845 28
{ 1866......	7,457,664 70	227,816 99	22,108 92	7,707,590 61
DIFFÉRENCES en faveur de 1867..	833,475 98	115,663 89	3,114 80	952,254 67

7 par les bureaux télégraphiques de l'État.

...ETTES 1866.	DIFFÉRENCES EN FAVEUR		OBSERVATIONS.
	de 1866.	de 1867.	
...353f 24c	ʼ	94,553f 80c	
...738 65	ʼ	80,810 05	
...365 46	ʼʼ	27,185 17	
...128 67		79,451 02	
...089 01	ʼ	58,971 77	
...475 12	ʼ	23,824 43	
...300 08	ʼʼ	11,953 95	
...370 71	ʼ	109,537 39	
...397 38	ʼ	59,982 60	
...307 15	ʼʼ	209,720 76	
...358 58	ʼʼ	129,604 03	
...306 56	ʼʼ	66,659 70	
...390 61	ʼʼ	952,254 67	
ʼʼ	ʼʼ	ʼʼ	
ʼ		952,254f 67c	

Classement des dépêches originaire[s]

ANNÉES.	DE PARIS POUR PARIS.			DE PARIS POUR LES DÉPARTEMENTS.			TOTAUX DES DÉPÊCHES INTÉRIEURES originaires des bureaux de Pa[ris]		
	Nombre de dépêches.	Augmentation.	Soit p. o/o.	Nombre de dépêches.	Augmentation.	Soit p. o/o.	Nombre de dépêches. (Total des col. 2 et 5.)	Augmentation. (Total des col. 3 et 6.)	Soit p. o[/o.]
1	2	3	4	5	6	7	8	9	1[0]
1860....	"	"	"	105,242	,	"	105,242	"	
1861....	,	,	"	125,958	20,716	19.68	125,958	20,716	19.
1862....	(3) "	.	"	260,436	134,478	106.76	260,436	134,478	106.
1863....	(1) 2,038	"	"	312,089	51,653	19.83	314,127	53,691	20.
1864....	(2) 35,804	33.766	1,656.82	351,473	30,384	12.61	387,277	73,150	23.
1865....	210,922	175,118	457.05	403,031	51,558	14.66	613,953	226,676	58.
1866....	317,100	106,178	50.33	439,156	36.125	8.96	756,256	142,603	23.
1867....	438,980	121,880	38.43	488,954	49,798	11.33	927,934	171,678	22.

(1) Des relevés spéciaux des correspondances télégraphiques de Paris pour Paris n'ont été faits qu'à dater d'août 186[3]. Les cinq derniers mois de l'année ayant donné 2,038 dépêches, le total de l'année serait de 4,891 d'après les résulta[ts] relevés pour les cinq derniers mois.

(2) Le décret du 13 août 1864 a baissé de 1 fr. à 50 cent. la taxe des dépêches de Paris pour Paris. Les sept premie[rs] mois de 1864 ont donné 5,076 dépêches, les cinq derniers mois 30,137, moyenne mensuelle, 6,025.

s suivant leur destination.

DE PARIS POUR L'ÉTRANGER.			TOTAUX GÉNÉRAUX.			PROPORTION DANS LAQUELLE le nombre des dépêches de Paris est compris dans l'ensemble du service.		
ombre de pêches.	Augmentation.	Soit p. o/o.	Nombre de dépêches. (Total des col. 8 et 11.)	Augmentation. (Total des col. 9 et 12.)	Soit p. o/o.	Intérieures.	Internationales.	TOTAL.
11	12	13	14	15	16	17	18	19
8,892	"	"	184,134	"	"	18.51	51.94	23.56
1,675	12,783	16.20	217,633	33,499	18.19	17.15	49.19	23.64
8,107	16,432	17.92	368,543	150,910	69.34	20.16	47.77	24.27
7,416	19,309	17.86	441,543	73,000	19.80	21.08	48.10	23.16
3,281	25,865	20.29	540,558	99,015	22.42	23.39	48.53	27.42
3,371	20,090	13.10	787,324	246,766	45.65	29.25	46.22	31.82
(4) 1,829	48,458	27.95	978,085	190,761	24.22	31.77	47.92	34.40
6,147	54,318	24.48	1,004,081	225,996	23.10	34.58	51.98	37.46

(3) La loi du 3 juillet 1861 a substitué au système des taxes proportionnelles suivant les distances celui des taxes uniformes réduites à 2 francs, applicable à dater du 1er janvier 1862.

(4) La convention télégraphique de Paris qui a établi le système des taxes uniformes pour les dépêches internationales échangées entre les divers États de l'Europe, et réduites dans des proportions considérables est appliquée depuis le 1er janvier 1866.

Recettes des bureaux

| ANNÉES. | TAXES INTÉRIEURES. | | | | | TAXES INTERNATIONALES. | | | | |
	MONTANT des taxes.	DIFFÉRENCES en plus.	DIFFÉRENCES en moins.	SOIT P. 0/0 en plus.	SOIT P. 0/0 en moins.	MONTANT des taxes.	DIFFÉRENCES en plus.	DIFFÉRENCES en moins.	SOIT P. 0/0 en plus.	SOIT P. 0/0 en moins.
1860	646,470f 04c	"	"	"	"	1,012,345f 53c	"	"	"	"
1861	752,020 65	105,550f 61c	"	16.32	"	1,091,036 75	78,491f 22c		7.75	"
1862	712,449 65 (1)	"	39,571	"	5.55	1,237,455 98	146,419 23		13.42	"
1863	817,213 10	104,763 45		14.70	"	1,391,066 48	153,610 50		12.41	"
1864	907,367 98	90,154 28		11.03	"	1,276,127 30 (2)	"	114,939f 18	"	9
1865	1,111,998 60	204,630 62		22.55	"	1,323,552 56	47,445 26		3.71	"
1866	1,248,972 90	136,974 30		12.31	"	1,545,795 50 (2)	222,242 94		16.79	"
1867	1,423,656 34	174,683 44		13.98	"	1,941,696 61	395,901 18		25.61	"

(1) La loi du 3 juillet 1861 a substitué le système des taxes uniformes réduites à 2 francs et à 1 franc pour le même département au système des taxes proportionnelles aux distances. Cette réduction, qui a eu pour conséquence d'augmenter de 134,478 dépêches, et de 106,76 p. 0/0 le nombre des dépêches intérieures, a, d'autre part, abaissé les recettes de 39,571 ou 5,55 p. 0/0. Le produit moyen des taxes des dépêches intérieures, qui était de 5,97 est retombé à 2,73, soit, en moins, 3.24.

...ris.

| MONTANT des taxes | TOTAL DES TAXES INTÉRIEURES ET INTERNATIONALES | | | | PRODUITS MOYENS DES TAXES | | | PROPORTION DANS LAQUELLE les recettes des bureaux de Paris sont comprises dans le total des recettes | | |
	Différences en plus.	Différences en moins.	soit p. 0/0 en plus.	soit p. 0/0 en moins.	Intérieures.	Internationales.	TOTAL.	Intérieures.	Internationales.	TOTAL.
015ᶠ37ᶜ	"	"	"	•	6.24	12.83	9.00	27.83	55.34	39.61
057 40	184.041ᶠ83ᶜ		11.09		5.97	11.90	8.46	26.47	52.53	37.46
905 63	106.848 23		5.79		(1) 2.73	11.44	5.99	21.14	47.74	25.19
279 58	258,373 95		13.25		2.60	10.91	5.00	24.71	52.85	37.17
495 28		23.784ᶠ30ᶜ		1.03	2.36	8.32	4.03	25.72	49.90	35.82
551 16	252,055 88		11.54		1.81	7.69	3.09	26.72	45.75	34.53
768 40	359,217 24		14.74		1.65	6.96	2.85	27.67	48.51	36.25
353 12	570,584 62		30.41		1.53	7.03	2.79	28.64	52.61	38.86

(1) Diverses conventions avec les États limitrophes avaient établi le système des taxes uniformes réduites : le produit ... des taxes, qui était de 12.83, était tombé à 7.69 en 1865, lorsque ce système, généralisé avec les États d'Europe à ... du 1ᵉʳ janvier 1866 par la convention de Paris, a abaissé le produit moyen à 6.96. D'autre part, l'extension du ... dans l'extrême Orient, l'ouverture du câble transatlantique le 14 août 1866, sa prolongation jusqu'à Cuba en sep-... 1867, ont élevé le produit moyen des taxes à 7ᶠ03ᶜ en 1867.

Dépêches de Pa

MOIS.	ANNÉES		
	1865.	1866.	1867.
Janvier	14,560	25,338	35,867
Février	14,621	24,762	33,900
Mars	17,594	28,718	31,490
Avril	18,955	29,101	40,165
Mai	20,434	31,480	46,361
Juin	17,223	25,368	44,604
Juillet	17,020	25,420	38,244
Août	15,848	22,523	33,389
Septembre	14,909	20,603	28,902
Octobre	18,461	25,184	35,048
Novembre	18,273	27,130	31,291
Décembre	23,024	31,473	32,719
TOTAUX	210,922	317,100	438,980

Paris (1).

| DIFFÉRENCES EN PLUS | | SOIT, POUR CENT. | | OBSERVATIONS. |
1866 sur 1865.	1867 sur 1866.	1866 sur 1865.	1867 sur 1866.	
0,778	10,529	74.02	41.55	
0,141	9,138	69.36	36.90	
1,124	9,772	63.22	34.12	
0,146	11,064	53.52	38.01	
1,046	14,881	54.05	47.27	
8,145	19,236	47.29	75.82	
8,400	12,824	49.34	50.44	
6,675	10,866	42.12	48.24	
5,694	8,295	38.19	40.28	
6,723	9,864	36.41	39.16	
8,857	4,161	48.46	15.33	
8,449	1,240	36.69	3.95	
06,178	121,880	50.33	38.43	

Mouvement des dépêches à destination de l'Améri[…]

MOIS.	1866.			
	NOMBRE DE DÉPÊCHES ORIGINAIRES			TAXES CRÉDITÉS à la Compagnie sous-marine ([…]
	de Paris.	des départements.	du transit.	
Janvier		»	»	»
Février	»	»	»	»
Mars	»	»	»	»
Avril	»	»	»	
Mai	»	»	»	»
Juin	»	»	»	
Juillet	»	»	»	
Août	21	9	8	20,449f 50c5
Septembre	9	21	2	16,541 50
Octobre	18	7	3	27,751 50
Novembre	26	24	4	15,187 50
Décembre	44	61	12	54,588 10
Totaux	118	122	29	134,518f 10c5

liées par le câble transatlantique.

NOMBRE DE DÉPÊCHES ORIGINAIRES			TAXES CRÉDITÉES à la Compagnie sous-marine (1).	OBSERVATIONS.
de Paris.	des départements.	du transit.		
35	5o	12	30,964ᶠ 00ᶜ	(1) Comprenant les taxes de transit à travers l'Angleterre.
35	47	15	37,782 75	
31	78	21	42,636 75	
63	102	45	63,491 64	
74	106	35	117,421 16	
55	33	3o	64,147 25	
55	37	18	43,228 02	
54	18	33	41,753 00	
5o	19	35	32,859 5o	
85	67	44	55,379 5o	
47	86	71	63,23o 5o	
92	136	62	62,293 85	
676	779	421	645,187ᶠ 32ᶜ	

Renseignements sur les réseaux et les tarifs

ÉTATS.	RÉSEAUX.	
	LIGNES.	FILS.
Autriche (1)	19,640[k]	43,219[k]
Angleterre	"	"
Prusse (2)	23,100	66,100
Russie	35,917	67,564
Italie	15,064	39,702
France	33,648	112,624

s États de l'Europe au 1ᵉʳ janvier 1867.

UX (3).	TAXE de LA DÉPÊCHE SIMPLE.	OBSERVATIONS.
1	moyenne 1ᶠ75ᶜ.	(1) La dépense totale prévue pour 1867 était de. 4,790,730ᶠ 00ᶜ Les recettes de 1866 avaient donné....... 4,623,787 00 (2) La dépense totale prévue pour 1867 était de. 5,770,612ᶠ 60ᶜ Les recettes de 1866 avaient donné....... 3,847,474 75
3	de 1ᶠ25ᶜ à 1ᶠ87 et 2ᶠ50ᶜ.	(3) Y compris les gares ouvertes à la télégraphie privée.
1	de 0ᶠ78ᶜ à 1ᶠ56ᶜ et 2ᶠ34ᶜ.	(4) La taxe est actuellement abaissée à 0,50 cent. à l'intérieur d'un même département ; elle sera abaissée à 1 fr. pour le reste de l'empire dans le courant de 1869.
4	de 2ᶠ à 24ᶠ.	
3	de 1ᶠ20ᶜ à 2ᶠ40ᶜ.	
8	″ (4)	

Service de l'Algérie non comp[...]

ANNÉES.	BUREAUX.		DÉPÊCHES DE DÉPART		
	Nombre.	Augmenta-tion annuelle.	Nombre.	Augmentation par année.	Soit p. o/o.
1854...............	6	"	1,570	"	"
1855...............	10	4	3,959	2,389	152.16
1856...............	15	5	10,402	6,443	162.74
1857...............	24	9	27,172	16,770	161.21
1858...............	29	5	52,247	25,075	92.28
1859...............	35	6	108,951	56,704	108.5[...]
1860...............	37	2	131,796	22,845	20.96
1861...............	43	6	160,196	28,400	21.5[...]
1862...............	46	3	168,168	7,972	4.97
1863...............	49	3	178,497	10,329	6.1[...]
1864...............	54	5	189,009	10,512	5.88
1865...............	56	2	252,187	33,178	17.5[...]
1866...............	64	8	233,396	11,209	5.0[...]
1867...............	65	1	252,305	18,909	8.1[...]

les recettes de la métropole.

| Produit des taxes. | RECETTES | | | | OBSERVATIONS. |
| | DIFFÉRENCE PAR ANNÉE. | | p. o/o | | |
	en plus.	en moins.	en plus.	en moins.	
,353f 88c	"	"	'	. "	Décret du 7 janvier 1864, mettant à la disposition des particuliers les lignes de télégraphie électrique de l'Algérie.
,933 94	7,580f 06c	"	119.29	"	Décret du 15 septembre 1856, promulguant la loi du 21 juillet.
,522 28	21,588 34	"	154.93	"	Décret du 29 juillet autorisant l'application des dispositions de la loi du 18 mai 1858, relatives aux taxes départementales de 1 franc et aux taxes interdépartementales de 1 fr. 50 c.
,458 28	71,936 00	'	202.50	"	
,773 30	67,115 02	"	62.64		
,038 07	26,264 77	"	15.02	"	
,509 76	'	9,528f 31c	"	0.49	
,443 28	86,934 52	"	45.39	"	Câble de Port-Vendres à Alger, ouvert le 1er novembre 1861, rompu le 5 novembre 1862.
,660 68	60,217 40	'	21.62	"	
,882 00	"	80,778 68	"	31.32	
,318 63	"	563 37	"	0.21	
,568 50	84,249 87	"	32.74	"	Câble de Marsala à Biserte, ouvert le 20 juin 1865. Interrompu du 1er mai au 1er juin 1867. Nouvelle interruption le 27 septembre 1867, à 7 heures. Non rétabli le 31 décembre.
,214 39	63,645 89	"	18.63	"	
,479 44	29,265 05	"	7.22	'	

LIGNES SOUTERRAINES.

Si la construction des lignes aériennes n'a subi, depuis plusieurs années, que des modifications de détail, il n'en est pas de même des lignes souterraines et des lignes sous-marines. De notables perfectionnements ont été apportés à l'établissement des conducteurs souterrains, et la pose de deux câbles transatlantiques a marqué par un succès éclatant les progrès de la télégraphie océanique.

Dès l'origine de la télégraphie, on a essayé d'établir des lignes sous terre. Des fils de cuivre recouverts d'une gaîne de gutta-percha étaient placés dans une tranchée sur une couche de sable fin; mais les alternatives d'humidité et de sécheresse détériorent rapidement la gutta-percha; elle devient cassante, s'effrite et cesse d'isoler le fil. Aussi les premières lignes établies comme il vient d'être dit furent-elles d'une très-courte durée.

Au commencement de l'année 1855, l'administration française chercha un nouveau système qui lui permît de faire disparaître les fils aériens dont l'intérieur de Paris commençait à être encombré. Elle s'arrêta alors à l'idée d'encastrer des fils de fer nus dans un mastic de bitume. Un premier réseau fut construit d'après ce système dans l'intérieur de Paris, pendant l'année 1855. L'établissement des lignes de ce réseau se faisait dans les conditions suivantes : on ouvrait une tranchée de 1^m.50 de profondeur environ, et on y plaçait une couche de sable fin et sec; sur le sable on déposait des feuilles de papier destinées à rendre la surface uniforme, puis on formait à l'aide de guides en bois une sorte de conduit régulier. Les fils de fer étaient tendus dans la tranchée sur une longueur de 80 mètres environ, et maintenus à leur extrémité par une planchette fixée en terre et munie de crochets. On coulait ensuite à chaud un mastic composé de la façon suivante :

Asphalte de Seyssel.....................	58^{kil}, 75
Bitume épuré de Bastennes.............	7 , 24
Gravier fin tamisé et bien lavé...........	34 , 01
	100 , 00

Comme un pareil mastic ne se fige pas instantanément, on ne pouvait le couler tout d'un coup sur la portée entière des fils ; car ceux-ci se seraient dilatés dans la masse visqueuse et chaude du mastic, auraient pris dans cette masse des positions irrégulières, se seraient rapprochés les uns des autres en divers points, et auraient pu en venir à se toucher. Pour éviter cet inconvénient, on avait recours à un artifice particulier. Quand les fils étaient tendus dans la tranchée, on les maintenait par une série de peignes en fonte espacés les uns des autres de 25 centimètres. Les fils passaient entre les dents verticales de ces peignes; leurs rangées horizontales étaient séparées par des volets mobiles autour d'une charnière, et qui se rabattaient quand les fils étaient en place. Le faisceau se

trouvait ainsi disposé en une série de petites cases ayant
une longueur de 25 centimètres. On coulait alors le bitume chaud de manière à laisser alternativement une case
vide et une case pleine. On attendait que le mastic fût
refroidi et solidifié; à ce moment on retirait les peignes
en faisant jouer les volets qu'on avait eu soin de placer
de part et d'autre du côté de la case vide. Les peignes
enlevés, on avait une série de blocs bitumineux longs de
25 centimètres, et séparés par des espaces vides d'égale
longueur. On pouvait alors verser le mastic dans les intervalles vides sans craindre la déformation du faisceau; car
le bitume de la première coulée se réchauffait assez pour
se souder à celui de la seconde, mais pas assez pour permettre le déplacement des fils. Une légère coulée générale était faite ensuite à la partie supérieure des blocs
pour perfectionner les raccordements.

Le premier réseau établi dans ces conditions, à Paris,
en 1855, donna des résultats satisfaisants pour l'époque.

Les lignes qui le composaient eurent une durée relativement considérable. Mais un second réseau construit quelques années plus tard fut fait dans des conditions moins
favorables. On plaça les fils beaucoup plus près les uns des
autres. L'espacement, qui était de 27 millimètres dans la
première ligne, fut réduit à 17 dans la nouvelle. Les résultats furent moins heureux. On constata d'ailleurs que,
dans le sol de Paris, les blocs de bitume étaient exposés,
sur certains points, à des inconvénients particuliers. Quand
ils se trouvaient dans un terrain pénétré par une fuite de
gaz, les blocs perdaient à la longue une partie de leur ré-

sistance ; leur matière, ordinairement noire et très-dure,
prenait une teinte chocolat et une consistance plus molle.
Les terrains calcaires en diminuaient également la dureté :
les blocs prenaient dans ce cas une couleur grisâtre.

Ces diverses raisons firent qu'on renonça à construire
de nouvelles lignes en bitume. Au commencement de
l'année 1858 on employa des câbles garnis d'une enveloppe de plomb.

Cinq fils de cuivre rouge de 1 millimètre 1/4 de diamètre, recouverts chacun de deux couches successives de
gutta-percha ayant chacune 65/100 de millimètre d'é-
paisseur et enveloppés chacun dans un ruban de coton
goudronné, étaient tordus en spirale, puis entourés d'un
double ruban goudronné et renfermés dans un tube de
plomb. Le câble dans son tube pesait 875 grammes par
mètre courant.

Ces câbles étaient fabriqués dans l'usine de MM. Rattier
et Cie, par longueurs de 700 mètres environ. Le fil de
cuivre était d'abord amené à la longueur voulue au
moyen de soudures à l'argent. Pour le couvrir de la première gaîne isolante, on le faisait monter verticalement
à travers un petit cylindre dans lequel il était centré par
un guide placé à la partie inférieure du cylindre et par
une tension exercée à la partie supérieure de l'atelier. La
gutta-percha, introduite par une porte dans un conduit
horizontal et foulée par un piston, entrait latéralement
dans le petit cylindre, s'attachait au fil et séchait avant
d'atteindre le haut de l'atelier. Une opération semblable
donnait au fil la seconde couche.

On essayait alors les bottes de fil recouvert en les noyant dans une cuve d'eau acidulée. Les fils reconnus bons étaient soumis à une nouvelle ascension verticale en passant par le centre d'un disque tournant sur lequel était fixé l'axe d'un rouleau mobile qui dévidait le ruban goudronné.

Le câblage se faisait ensuite par une méthode analogue. Cinq bobines mobiles sur leurs axes et portant les fils étaient disposées sur un grand disque horizontal animé d'un mouvement de rotation. Le câble, formé à $1^m,5o$ environ au-dessus du disque, montait encore et venait ensuite se revêtir du double ruban goudronné en passant de nouveau par le centre d'un petit disque muni de deux rouleaux mobiles. Les deux rubans s'enroulaient ainsi dans le même sens, et on les surveillait pour que l'un recouvrît toujours la moitié de l'autre.

Les procédés de fabrication qui viennent d'être décrits n'ont rien perdu de leur intérêt. On y trouve en effet le principe de toutes les opérations qui servent encore aujourd'hui à la préparation des câbles souterrains, et même des câbles sous-marins. Quelques indications complémentaires peuvent être données au sujet des câbles établis en 1858. Si quelques-unes d'entre elles n'ont qu'un intérêt historique, quelques autres se rapportent à des méthodes encore employées actuellement.

Les câbles, avons-nous dit, étaient recouverts d'une garniture en plomb, et c'est là un système auquel on a depuis renoncé complétement. Mais la gaîne en plomb offrait, au point de vue de la fabrication, des particularités intéressantes. Les tubes de plomb, longs de 150 mètres environ, étaient dressés le long d'une rigole en bois. Un guide en caoutchouc, muni d'une longue ficelle, était lancé dans le tube au moyen d'un ajutage communiquant avec un réservoir d'air comprimé ; il fallait quelquefois une pression de deux atmosphères et demie pour que le guide pût triompher des inégalités qu'il rencontrait dans le tube. Quand le guide était parvenu au bout de sa course, on le détachait, et la ficelle servait à ramener une chaînette qui à son tour tirait le câble. Celui-ci était frotté de talc pour mieux glisser. Un mandrin de fer marchait en avant pour lui préparer son logement. Par une série de manœuvres analogues, on pouvait enfiler le câble, long de 700 mètres, à travers quatre ou cinq tubes de plomb placés bout à bout. Le tout était alors passé à la filière, et la jonction des tubes de plomb était assurée par un petit anneau de fer dans lequel du plomb était matté à froid.

Les bouts de câbles ainsi préparés étaient placés sur des tambours garnis de joues protectrices et qu'on pouvait dérouler dans la tranchée. Les tambours étaient amenés tout garnis sur les travaux. Comme ils pesaient en moyenne 650 kilogrammes, et qu'il n'était pas facile de les dérouler à bras d'hommes, on les faisait porter par un train de deux roues muni d'un brancard et qui roulait au-dessus de la tranchée.

C'est dans ces conditions que fut exécuté le réseau de 1858, dont il a été parlé précédemment. Mais ce réseau fut bientôt hors de service. Cet insuccès tenait à l'emploi

d'une garniture en plomb et à l'absence d'une enveloppe
résistante capable de défendre les câbles contre les chocs
et autres accidents extérieurs. En réalisant cette dernière
condition, et en perfectionnant d'ailleurs la fabrication
des câbles, l'administration française est arrivée à un système de lignes souterraines qui donne les meilleurs résultats, et qui paraît devoir répondre pendant longtemps aux
besoins du service.

L'âme de chaque conducteur est formée non plus d'un
fil de cuivre unique, mais d'une cordelette de quatre to-
rons enroulés en spirale. On a ainsi la chance qu'en cas
de rupture les quatre brins ne rompent pas à la fois, et
l'on se trouve, par conséquent, moins exposé à des interruptions totales. Chaque conducteur est d'ailleurs recouvert de deux couches successives de gutta-percha, de façon
à atteindre 5 millimètres de diamètre. Ces fils sont alors
entourés d'un guipage de coton goudronné, d'un ruban
goudronné et enfin d'un dernier guipage noir non goudronné. Les rubans et enveloppes de coton sont injectés
au sulfate de cuivre avant de recevoir le goudron. On a
soin d'ailleurs de n'employer que du goudron de bois, le
goudron de gaz ayant la fâcheuse propriété d'attaquer la
gutta-percha. On prépare ainsi des câbles de trois, quatre,
cinq, six ou sept fils, suivant les besoins du service. Les
câbles à sept fils sont les plus usités; ils présentent la disposition la plus convenable pour le câblage.

Mais l'important, comme il a été dit tout à l'heure, était
de préserver les câbles contre les chocs et les accidents
extérieurs. C'est ce résultat qu'on a heureusement atteint

en employant des tuyaux de fonte semblables à ceux qui servent pour la conduite de l'eau et du gaz.

Ces tuyaux sont placés au fond de la tranchée par longueurs de $2^m,5o$; leur diamètre est proportionné au nombre de câbles qu'ils doivent recevoir. Ils sont soigneusement raccordés les uns aux autres à l'aide de bagues en plomb mattées à froid. Quand la ligne doit faire un coude, quelques tuyaux courbes servent à effectuer le changement d'alignement. Tous les 5o mètres, dans les alignements droits et de chaque côté des angles, on place des tuyaux d'un diamètre supérieur qui peuvent glisser à droite et à gauche sur leurs voisins, et forment ainsi manchon. Quand une certaine longueur de conduits est posée, on bouche la tranchée en la laissant ouverte seulement au-dessus des manchons; ceux-ci ne sont mis en place qu'après l'introduction des câbles.

Pour introduire les câbles, on procède comme il suit. Une longue ficelle a été préalablement passée dans les tuyaux au moment de leur descente dans la tranchée. Quand on a installé un alignement droit d'environ 2oo mètres, la ficelle sert à introduire une grosse corde dans toute la longueur de l'alignement. Une des extrémités de la corde est enroulée sur un treuil fixé au sol, et l'autre est attachée à une petite barre de fer munie de goujons auxquels on attache les câbles à introduire. Pour diminuer les frottements, cette barre porte trois galets en fonte disposés de façon que d'eux d'entre eux soient dans un plan perpendiculaire à la surface du troisième. Les câbles, afin d'être introduits facilement. tournent dans la gorge d'une poulie dont le plan est vertical, et dont la tangente horizontale est située dans le prolongement de l'axe des tuyaux.

Quand la ligne est achevée, on fait glisser les gros tuyaux ou manchons pour les amener en place, et on les raccorde à leurs voisins avec du plomb matté à froid. Ces manchons, repérés avec soin, servent de regards pour la recherche des dérangements qui peuvent se produire sur la ligne. En cas de dérangement, on les découvre, on les descelle et on les fait glisser sur les tubes voisins, le câble est mis à nu et les fils peuvent être coupés et essayés. A-t-on reconnu qu'un fil est mauvais entre deux manchons, on coupe le câble qui le contient et on le tire par une de ses extrémités en ayant soin d'attacher une corde à l'autre bout. Cette corde sert ensuite à remettre en place le câble réparé, ou celui par lequel on veut le remplacer.

Tel est le système auquel on s'est arrêté dans ces derniers temps pour les lignes souterraines de Paris. Les tuyaux de fonte protégent efficacement les câbles contre les chocs. Si les joints sont bien faits, le conduit est étanche et empêche toute infiltration de gaz. La gutta-percha, couverte d'enveloppes de coton goudronné est dans de bonnes conditions pour se conserver fort longtemps. Enfin les réparations se font facilement et à peu de frais, si le repérage des manchons est bien fait et bien entretenu. Aussi ce système a-t-il déjà été adopté dans plusieurs pays étrangers, en Hollande notamment.

Les égouts de Paris ont, dans certains cas, donné des facilités spéciales pour l'installation des lignes souterraines.

Les câbles ont alors été suspendus aux parois de l'égout
et soutenus par des crochets de fer. S'il s'agissait d'ailleurs de mentionner tous les systèmes de télégraphie sou-
terraine, il y aurait lieu de parler des divers essais qui
ont été faits pour placer des câbles dans des massifs de
béton ou de ciment. Mais nous ne pouvons donner ici,
sur chaque sujet, que quelques indications principales.
Nous avons hâte d'arriver à un nouveau système d'établissement souterrain sur lequel l'attention publique a été
appelée en ces derniers temps, et qui se signale par des
succès tout récents. Nous voulons parler des *tuyaux pneu-
matiques* établis pour la distribution des dépêches dans
l'intérieur de Paris.

TUYAUX PNEUMATIQUES.

Lorsqu'il s'agit de pourvoir à une très-grande circulation de dépêches sur de petites distances, sur des distances de 2 ou 3 kilomètres par exemple, la transmission électrique des signaux perd la plupart des avantages qu'elle présente ordinairement. C'est ainsi que, depuis plusieurs années, l'administration française, pour assurer la prompte distribution des dépêches entre le poste central de Paris et les succursales de l'hôtel des Postes, de l'hôtel du Louvre et de la Bourse, avait été amenée à établir un service spécial de courriers qui, à certaines heures de la journée, remplaçait avantageusement la transmission télégraphique.

On en vint bientôt à songer que l'on aurait une heureuse solution du problème, si l'on pouvait installer sous terre des tubes assez bien joints pour qu'on pût y faire le vide ou y envoyer de l'air comprimé, et y faire ainsi circuler un petit chariot chargé de dépêches.

Des essais furent tentés dans ce sens, en Angleterre d'abord, puis en Prusse.

En Angleterre, les promoteurs de cette idée avaient pris la question d'une façon tout à fait générale, et ils se proposaient de faire circuler dans un tube, non-seulement des dépêches, mais des paquets et des objets d'un certain

volume. Une compagnie fut fondée en 1861 sous la pré-
sidence du duc de Buckingham. Elle construisit à titre
d'expérience, près de Birmingham, une sorte de petit
tunnel de 400 mètres de long, ayant 76 centimètres de
largeur et 84 centimètres de hauteur. Un immense volant formant aspirateur et mû par une machine à vapeur
faisait circuler dans ce tube un piston remorquant un chariot où un homme pouvait prendre place. Ces essais ont
été abandonnés au bout de quelque temps, et aucun dessin de l'appareil anglais ne figure au Champ de Mars.

On trouve, au contraire, dans la section prussienne, les
dessins d'un appareil construit par MM. Siemens et Halske.
Ce système dessert, dans Berlin, une ligne d'environ 2 kilomètres. Il se compose essentiellement de deux tubes de
fer, un pour l'aller, l'autre pour le retour, et d'une machine à vapeur qui agit en même temps par compression
dans l'un des tubes et par aspiration dans l'autre. Les
dépêches sont placées dans des chariots métalliques d'environ 52 centimètres de longueur, guidés à l'aide de quatre
galets métalliques (deux verticaux et deux horizontaux),
placés par paire à l'avant et à l'arrière. La ligne est d'ailleurs toute droite et ne comporte pas de courbes.

L'administration française a de son côté installé un système qui fonctionne actuellement dans Paris, et qui peut
être mentionné ici avec quelques détails.

Dès la fin de 1865, elle commença une série d'études
à cet égard. On écarta d'abord l'idée d'employer les machines à vapeur qui présentent des difficultés d'installation, qui nécessitent un personnel spécial, et qui, sujettes

à des dérangements, peuvent gêner la continuité du service. L'habileté avec laquelle MM. Mignon et Rouart avaient construit, pour des appareils à fabriquer la glace, des joints et des robinets très-étanches, engagea l'administration à s'adresser à eux pour l'exécution d'expériences dans lesquelles on se proposait de faire avancer dans des tubes bien fermés des pistons creux munis de dépêches. Les premiers essais furent faits à Paris en février 1866. On produisait le vide dans un réservoir par la condensation de la vapeur d'eau. Mais les réservoirs s'échauffaient, et d'ailleurs il fallait un générateur de vapeur fonctionnant d'une façon continue. On songea alors à faire le vide par un simple déplacement d'eau. L'expérience réussit à Paris d'abord, puis à Montluçon, où elle fut répétée en grand dans le mois de juin 1866. Mais on pouvait se servir de l'eau, soit pour faire le vide, soit pour comprimer de l'air. On essaya les deux systèmes, et on s'arrêta à ce dernier. Il offrait en effet des facilités spéciales dans les conditions où on devait s'installer, puisque la ville de Paris peut fournir des eaux sous une pression assez considérable. Les essais de Montluçon servirent en même temps à déterminer les formes à donner aux tubes, et montrèrent que des pistons d'une longueur de 14 centimètres pouvaient circuler dans des courbes de 5 mètres de rayon.

Après ces expériences préliminaires, une première ligne d'essai fut exécutée de juillet à décembre 1866, entre les bureaux de la place de la Bourse et du Grand-Hôtel. Enfin un petit réseau circulaire de 7 kilomètres reliant 7 bureaux (central, rue Boissy-d'Anglas, Grand-

Hôtel, Bourse, Hôtel des Postes, Hôtel du Louvre, rue
des Saints-Pères, central), a été achevé et mis en service
le 1er août 1867. Dans ce réseau, comme on voit, la distance moyenne de deux bureaux est de 1 kilomètre.

La ligne est composée de tubes en fer forgé soudés à
recouvrement; ils ont un diamètre intérieur de 65 millimètres et extérieur de 74 millimètres. On les essaye sous
une pression de vingt-cinq atmosphères. Ces tubes, longs
de 3 mètres, portent à leurs extrémités des brides en fer
fixées au moyen d'une forte soudure et tournées de manière à former des joints à emboîtement de 3 millimètres
de profondeur. La figure 15 ci-contre représente un de

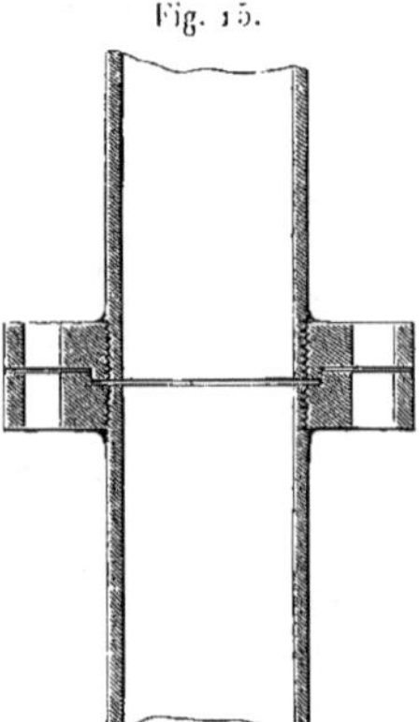

Fig. 15.

ces joints. Trois boulons serrent
fortement les deux brides entre
lesquelles une rondelle en caoutchouc sert d'ailleurs à assurer le
joint. Les parties courbes de la
ligne sont cintrées avec le plus
grand soin pour n'apporter aucune gêne au passage des chariots. Les coudes trop courts sont
faits en coquille de cuivre de
3 millimètres d'épaisseur.

Le piston qui se meut dans le
tube est en fer creux, mais complétement fermé; il est
long de 14 centimètres et large de 6,2. La tête de
ce piston, sur laquelle la pression s'exerce, porte une
garniture d'ailettes en cuir que l'air comprimé presse
contre les parois du tube de manière à établir une fer-

meture hermétique. Le piston pousse devant lui des boîtes cylindriques en cuir, longues également de 14 centimètres, et dans lesquelles les dépêches sont renfermées. Le piston vide pèse 150 grammes; une boîte chargée de quarante dépêches pèse environ 200 grammes.

Les appareils installés dans un bureau sont les suivants (voir fig. 16). Une cuve de tôle de grande capa-

Fig. 16.

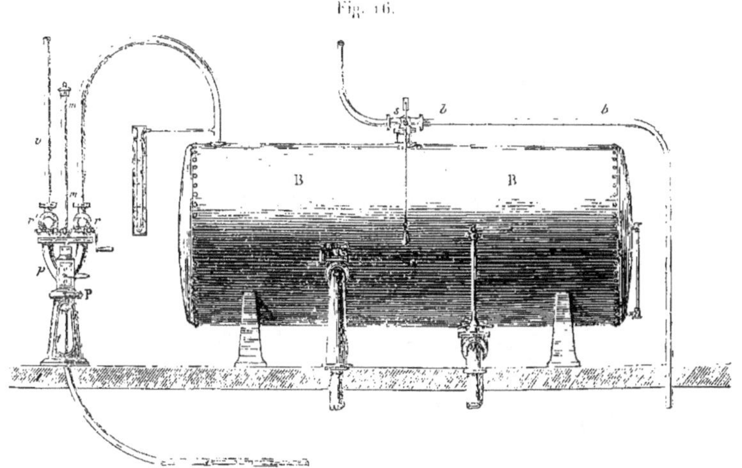

cité est disposée de façon à pouvoir recevoir l'eau de la ville. On emploie l'eau du canal de l'Ourcq, qui est la moins coûteuse et qu'on reçoit sous une pression moyenne de 10 mètres environ. Cette cuve peut être mise en communication avec les égouts quand on veut la vider. Une autre cuve BB sert de réservoir à l'air comprimé. Cet air y afflue par le tuyau *bb* quand la cuve à eau se remplit ; il est retenu par une soupape *s* quand on vide la cuve.

Un appareil spécial monté sur un pied P sert à la fois à transmettre et à recevoir les convois de dépêches. Un fil électrique muni d'une sonnerie sert à l'échange de quelques signaux d'avis pour le départ et l'arrivée des trains.

Pour transmettre, on ouvre la plaque *p*, et on introduit dans le tube souterrain *t* par l'orifice *oo* les boîtes à dépêches, puis le piston. Après avoir refermé la plaque, on ouvre le robinet *r* en tenant fermé le robinet *r'*. L'air comprimé pousse alors le convoi dans le tube ; dès qu'il arrive à l'extrémité, le poste récepteur en donne avis par la sonnerie, et on ferme le robinet *r*.

S'agit-il de recevoir, on ouvre le robinet *r'* pour que l'air chassé par le piston du poste expéditeur puisse s'échapper par le tube *v* ouvert à son extrémité supérieure. Quand le train est près d'arriver, on ouvre la plaque pour recevoir les boîtes et le piston. Les boîtes et le piston sont d'abord projetés dans le tube *mm*, un peu plus large que le tube *t*, puis sont librement retirés par l'orifice *oo*.

Dans les conditions ordinaires du service, tel qu'il a été institué sur le petit réseau inauguré le 1er août 1867, l'air comprimé possède, au départ du train, un excès de pression de 55 centimètres de mercure ; au moment de l'arrivée, l'excès de pression est réduit à 15 centimètres. Le train met environ une minute et demie à parcourir 1 kilomètre.

Les dimensions de la cuve à eau et du réservoir à air

comprimé dans chaque bureau ont d'ailleurs été calculées de telle sorte qu'il suffise de remplir et de vider une fois la cuve pour envoyer un convoi. Cette disposition donnait au système les conditions de simplicité et de sûreté qu'on recherchait. Étant données les dimensions que nous avons indiquées tout à l'heure pour la ligne, un calcul facile [1] montre que la cuve à eau doit avoir près de 4 mètres cubes et le réservoir à air un peu plus de 7 mètres cubes et demi.

[1] La capacité du tuyau qui forme la ligne est de $3^m.320$, puisque, dans le cas qui nous occupe, le tuyau a 1 kilomètre de long, et 65 centimètres de diamètre.

Il faut, d'après notre hypothèse, que l'air contenu dans la cuve à eau, sous la pression ordinaire de 76 centimètres de mercure, suffise à faire passer un convoi d'un bout à l'autre de la ligne.

Soient x la capacité de la cuve à eau à déterminer, y la capacité du réservoir à air également à déterminer, r la capacité connue des tuyaux. La cuve à eau sous la pression de 76 centimètres doit contenir assez d'air pour remplir la ligne sous un excès de pression de 15 centimètres, c'est-à-dire sous une pression totale de $76 + 15 = 91$ centimètres. Nous aurons donc la relation

$$76x = 91r,$$

d'où

$$x = (1.2)r = 3^m,984.$$

Dans le réservoir à air l'excès initial de pression doit être de 55 centimètres, et l'excès final de pression de 15 centimètres. La pression totale est donc, au début, 131 centimètres, et à la fin, 91 centimètres. La capacité de la cuve à eau et celle du réservoir d'air doivent donc être dans des rapports tels, qu'en passant de la cuve d'eau dans le réservoir, le gaz fasse monter la pression de 91 centimètres à 131, ce qui donne

$$76x + 91y = 131y,$$

d'où

$$y = (1.9)x = 7^m,570.$$

La cuve à eau peut servir, par deux manœuvres successives, à comprimer successivement de l'air dans deux réservoirs distincts, de telle sorte que le bureau puisse envoyer en même temps un convoi dans deux directions différentes, s'il est d'ailleurs muni d'un double appareil d'envoi.

Ces indications générales permettent d'apprécier le système suivant lequel a été récemment établi le petit réseau pneumatique de Paris. Ce système, évidemment susceptible de perfectionnement dans les détails, est aussi susceptible d'une grande extension. L'eau de la ville arrivant avec une pression notable constitue un agent de propulsion commode à établir dans tous les locaux, d'une manipulation aussi facile que possible et qui ne donne de dépense que quand il est réellement employé. L'eau de l'Ourcq, qui est la moins coûteuse, ne peut servir que dans les quartiers du centre de Paris. S'il s'agissait de desservir des bureaux sur les hauteurs de Passy, de Belleville, de Montmartre, il faudrait avoir recours aux eaux de la Seine, qui sont accumulées dans des récipients d'un niveau supérieur, ou même à celles de la Dhuys, qui ont encore une plus haute pression.

TÉLÉGRAPHIE SOUS-MARINE.

Arrivés à la télégraphie sous-marine, nous nous trouvons tout de suite en face d'un fait capital, qui non-seulement tient une place importante dans l'histoire de la télégraphie, mais qui peut être rangé sans hésitation parmi les grands événements à inscrire dans les annales de l'humanité. Nous voulons parler de la pose des câbles transatlantiques qui réunissent l'Europe à l'Amérique. Les jurés de l'Exposition universelle ont décerné un de leurs *grands prix* à *M. Cyrus Field et aux compagnies anglo-américaines* qui ont mené à bien cette magnifique entreprise. Cependant ni les directeurs ni les ingénieurs de ces compagnies ne se sont préoccupés de faire figurer dans l'Exposition les procédés qui les ont menés à la réussite.

On ne voit au Champ de Mars aucun spécimen, aucun dessin des engins employés en 1866 par la compagnie du câble transatlantique; on n'y voit pas les appareils par lesquels s'effectue actuellement la transmission des dépêches entre l'Europe et l'Amérique; on n'y voit pas même, à proprement parler, un échantillon des câbles au moyen desquels on a réussi à relier les deux continents. Il semble que les auteurs d'une si glorieuse entreprise cherchent à envelopper de mystère les moyens dont

ils disposent; il semble qu'ils se cachent et se tiennent
soigneusement à l'écart. Cette sorte d'abstention calculée
de leur part est certainement un fait des plus regret-
tables. Le jury ne pouvait manquer cependant d'aller les
chercher, et, présents ou absents, ils devaient, pour un
succès de premier ordre, recevoir une récompense de
premier ordre.

Le grand prix qu'ils ont obtenu récompense les efforts collectifs de plusieurs coopérateurs. Pendant douze
ans, avec une ténacité remarquable, quelques hommes
ont obstinément poursuivi, au milieu de déboires et de
difficultés de toutes sortes, la grande entreprise dans laquelle ils avaient foi; c'est leur persévérance qui a triom-
phé. Aussi ne sera-t-il pas inutile de résumer ici, en
quelques traits rapides, l'histoire de leurs tentatives ré-
pétées, infructueuses d'abord, puis couronnées de succès.
Sans doute l'histoire de la télégraphie sous-marine n'est
pas là tout entière; sur d'autres points aussi des succès
ont été obtenus. L'administration française, par exemple,
a toujours attaché une importance capitale à la jonction
de la France et de l'Algérie, et, après l'avoir réalisée pendant quelque temps par un câble direct bientôt rompu,
elle l'a du moins assuré par une voie détournée. L'établissement du câble d'Alexandrie, celui du golfe Persique
offriraient aussi des récits intéressants. Mais, devant nous
borner ici à quelques objets principaux, nous ferons surtout l'histoire de l'entreprise même que l'Exposition de
1867 a mise au premier plan.

C'est en 1854 qu'une compagnie anglo-américaine se

forma sous le nom de *Société du télégraphe de Londres à New-York par Terre-Neuve*.

Il y avait à peine quatre ans que le premier essai d'établissement sous-marin avait été tenté. En 1850, M. Brett était parti de Douvres avec un petit bateau à vapeur qui contenait 50 kilomètres de fil de cuivre simplement recouvert de gutta-percha. Dévidant son fil à travers la Manche, il était arrivé à la côte de France et avait réussi à transmettre quelques signaux. Bientôt le conducteur s'était rompu; mais cette première tentative avait fondé la télégraphie sous-marine. Un second câble fut immergé en 1851, entre Douvres et le cap Gris-Nez, près de Calais. Il comprenait quatre conducteurs dont l'ensemble était enveloppé de chanvre goudronné et revêtu d'une cuirasse de dix fils de fer. Ce câble pesait 4,500 kilogrammes par kilomètre. En 1852, on relia l'Angleterre à l'Irlande. En 1853, une communication électrique fut établie entre l'Angleterre et la Hollande.

Enfin, dans l'année 1854, un câble était placé entre la Spezzia et le cap Corse pour servir de tête de ligne à une communication avec l'Algérie.

Il y avait loin de ces débuts, si heureux qu'ils fussent, à l'immersion d'un câble transatlantique. Mais il faut dire aussi qu'on n'avait pas alors le sentiment de toutes les difficultés que l'expérience a révélées depuis. La *Compagnie du télégraphe de Londres à New-York* commença par obtenir du parlement canadien, pour cinquante années, le droit exclusif de faire atterrir des câbles électriques à Terre-Neuve et dans les territoires qui en dépendent, y compris le Labrador. Elle réunit alors Terre-Neuve au continent américain en immergeant un câble de 140 kilomètres entre Terre-Neuve et l'île du cap Breton, et un second câble de 23 kilomètres entre l'île du cap Breton et la Nouvelle-Écosse. Les travaux s'arrêtèrent là. En 1856, elle aliéna son droit d'atterrissement à une nouvelle société qui venait d'être constituée en Angleterre par MM. Cyrus Field, Brett, Whitehouse et Charles Bright. Cette société, sous le nom de *Compagnie transatlantique*, se proposait de relier l'Irlande à Terre-Neuve; les gouvernements anglais et américain lui accordaient chacun une subvention annuelle de 350,000 francs pendant la durée de l'exploitation effective de la ligne; ils lui promettaient en outre leur concours pour les études préliminaires et l'opération de la pose. La compagnie décida, sans plus tarder, que l'immersion du câble aurait lieu l'année suivante.

Elle choisit pour point d'atterrissement la baie de la Trinité, sur la côte orientale de Terre-Neuve, et Valentia, sur la côte occidentale d'Irlande. La distance de ces deux points par la ligne la plus courte, c'est-à-dire par l'arc de grand cercle qui les réunit, est de 3,100 kilomètres. Quant aux profondeurs de la mer qui les sépare, elles étaient très-imparfaitement connues. Les méthodes mêmes de sondage laissaient beaucoup à désirer. A vrai dire, on n'avait jamais eu encore un intérêt aussi direct à connaître exactement le fond des grandes mers, et la télégraphie océanique faisait naître des questions nouvelles. Il fallait étudier la ligne de Terre-Neuve en Irlande, afin

de voir si l'Océan, dans ces parages, n'avait pas de profondeurs trop considérables, si les pentes du sol sous-marin
n'étaient pas trop rapides, ou les mouvements de terrain
trop brusques: ces diverses circonstances pouvaient, en
effet, accroître les difficultés de l'immersion ou diminuer
les chances de durée du câble. Le lieutenant Berryman,
de la marine des États-Unis, sur le steamer l'*Arctic*, et le
commandant Dayman, de la marine anglaise, sur le *Cy-
clops*, opérèrent une série de sondages tout le long du
tracé projeté. On reconnut qu'à partir de la côte d'Irlande le fonds s'abaissait progressivement; à 200 kilomètres de distance, on avait une profondeur de 1,000 mèt.
Là le sol marin s'incline brusquement, et l'on ne tarde
pas à atteindre des profondeurs de 3.200 mètres. Puis,
sur une longueur de 2,500 kilomètres, c'est-à-dire jusqu'à 400 kilomètres de Terre-Neuve, la sonde accuse des
fonds assez uniformes (ils varient entre 3,000 et 4,500
mètres). C'est cet espace que le commandant Maury ap-
pela le *plateau télégraphique*. Le fond en est formé d'une
espèce de boue farineuse un peu visqueuse, composée
d'un amas de coquillages microscopiques et qu'on dé-
signe souvent sous son nom anglais d'*ooze*. Sur un lit aussi
doux, on pouvait espérer que le câble reposerait sans
danger.

Les travaux du commandant Maury, qui avaient déjà
guidé les opérateurs dans leurs sondages, servirent encore
à déterminer l'époque de l'année qu'il fallait choisir pour
poser le câble. L'océan Atlantique, dans les parages qu'il
fallait traverser, est une mer capricieuse et féconde en

tempêtes. L'opération devant durer au moins une quin-
zaine de jours, on ne pouvait prévoir au départ le temps
qu'on aurait pendant tout le voyage. Il fallait du moins
se donner les chances les plus favorables. Les cartes des
vents et des tempêtes dressées par M. Maury indiquaient,
pour la fin de juillet ou le commencement d'août, les plus
grandes probabilités de beau temps.

La compagnie transatlantique se hâta donc. La fabrication du câble, commencée en février 1857, fut terminée au mois de juillet. La *gutta-percha Company* avait fait
l'âme; MM. Glass et Elliott d'une part, MM. Newall' et Cie
de l'autre, firent l'armature, les uns et les autres par moitié. L'armature se composait de chanvre goudronné et d'un
fourreau de fils de fer. Le câble pesait, par kilomètre,
630 kilogrammes dans l'air, et 440 seulement dans l'eau.
Il se rompait sous une tension de 3,000 kilogrammes et
pouvait, par conséquent, dans l'eau, supporter 7 kilomètres de son propre poids. On en prépara 4,000 kilomètres; 50 kilomètres d'un modèle beaucoup plus fort furent
destinés à être posés aux points d'atterrissement. Toute
cette fabrication fut faite à la hâte. On n'avait pas encore
de moyens précis pour expérimenter la résistance électrique des câbles et leur état d'isolement. Les machines
de déroulement, les freins, les appareils destinés à relever
le fil en cas d'accident, tout était nouveau; rien n'avait
encore subi la sanction de l'expérience. On allait un peu
à l'aventure jeter à la mer une masse qui pesait 2,500
tonneaux, et qui avait coûté près de 6 millions de fabrication.

La moitié du câble fut embarquée sur le vaisseau anglais *Agamemnon*, et l'autre moitié sur la frégate américaine, le *Niagara*. On décida que les deux bâtiments partiraient ensemble de Valentia, que le *Niagara* filerait d'abord tout son câble et qu'en pleine mer on en souderait l'extrémité au câble embarqué sur l'*Agamemnon*. La pose commença le 5 août 1857. Le troisième jour on avait immergé 600 kilomètres du câble, quand il se rompit tout à coup par des profondeurs de 3,600 mètres. On revint en Angleterre.

On se prépara à une seconde campagne pour l'année suivante, en fabriquant 500 kilomètres de câble neuf. On résolut cette fois de commencer l'immersion en plein Océan, les deux navires chargés du fil devant partir chacun de leur côté, l'un vers l'Irlande, l'autre vers Terre-Neuve, de manière à abréger de moitié la durée de l'opération. Pour s'assurer que ce mode de procéder n'offrait pas d'inconvénient, l'*Agamemnon* et le *Niagara* firent une expérience préliminaire dans le golfe de Gascogne. La figure 17 ci-contre indique l'installation de la machine disposée à bord de l'*Agamemnon*. La nouvelle expédition partit de Plymouth le 10 juin 1858. Dispersés par le mauvais temps, les navires se trouvèrent seulement le 26 au rendez-vous assigné. Trois tentatives successives furent infructueuses; trois fois le câble se rompit; la première fois on avait immergé seulement 5 kilomètres, 70 la seconde, 500 la troisième. On revint encore en Angleterre.

On en repartit le 17 juillet, et les deux navires, réunis le 28 au milieu de l'Océan par un temps magnifique et un calme parfait, procédèrent à une nouvelle immersion.

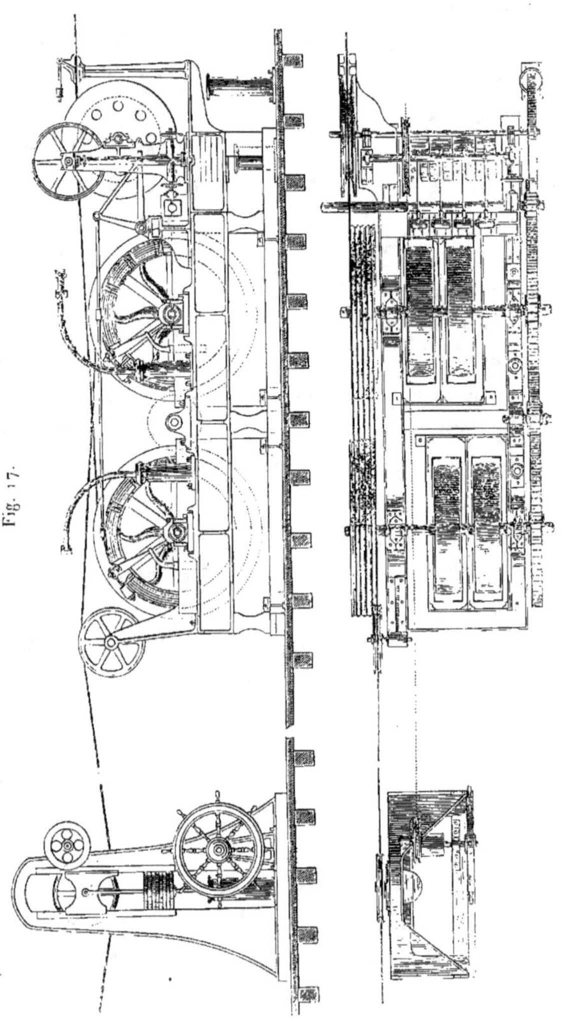

Fig. 17.

qui devait enfin réussir. Le 5 août, les deux extrémités
étaient amenées à terre, l'une à Valentia, l'autre à Terre-
Neuve. Un enthousiasme inouï salua des deux côtés de
l'Atlantique la nouvelle de cet événement. Les Américains
surtout le célébrèrent par de grandes fêtes, et, dans l'affole-
ment de leur joie, les habitants de New-York incendièrent
leur hôtel de ville. Cette joie devait être de courte durée.
Dès le début, le câble ne donna que des signaux inintelli-
gibles. Par intervalles, en employant des courants très-
énergiques, on put transmettre quelques dépêches. Le
message de félicitation adressé par la reine Victoria au
président des États-Unis, et composé d'une centaine de
de mots, demanda près de vingt-quatre heures de transmission. Les communications continuèrent ainsi jusqu'à la
fin du mois d'août, difficiles et précaires. A partir du
1er septembre, toute transmission devint impossible. Pourtant on recevait encore de part et d'autre des traces de
courant. A partir du 20 octobre, rien ne passa plus.

Il y eut alors dans l'esprit public un découragement
d'autant plus profond, qu'on s'était cru plus près du succès. Les entreprises de télégraphie sous-marine tombè-
rent dans le discrédit. Tant d'échecs répétés mettaient
en relief toutes les difficultés d'une jonction entre l'Europe
et l'Amérique. On considérait combien il y avait à accumuler de chances heureuses pour arriver à un pareil résultat, et le peu qu'il fallait pour qu'un hasard, une circonstance inaperçue détruisît en un instant le fruit de tant
de travaux et de dépenses. Cependant les promoteurs de
l'entreprise avaient puisé une foi nouvelle dans leur suc-

cès d'un moment. Leurs échecs leur avaient montré ce que leurs prévisions avaient de défectueux ; tout était à perfectionner, la fabrication du câble, les machines de pose, la transmission même des signaux. Mais la principale difficulté était de réunir les fonds nécessaires à une nouvelle opération. Ils mirent six ans à obtenir ce résultat. Ce ne fut qu'avec des efforts inouïs que le capital fut réuni au commencement de l'année 1864.

Ces sept années d'ailleurs ne furent pas perdues pour les progrès de la télégraphie sous-marine. Des tentatives malheureuses, mais instructives, furent faites dans la mer Rouge et dans le golfe Arabique. Barcelone fut reliée aux Baléares, Toulon à la Corse, Port-Vendres à Alger. Bien que ces entreprises n'aient pas obtenu un succès définitif, elles ne laissaient pas d'éclairer vivement les problèmes que l'on étudiait. En 1861, d'ailleurs, le gouvernement anglais, pour établir nettement l'état de la question, fit faire une vaste enquête dans laquelle furent interrogés tous les électriciens, ingénieurs, fabricants, qui avaient assisté aux opérations précédentes ou qui s'étaient occupés spécialement de télégraphie sous-marine. Le rapport présenté par les membres de la commission d'enquête[1] est un des documents les plus importants de l'histoire de la télégraphie.

Le modèle de câble auquel la Compagnie transatlan-

[1] Les membres étaient MM. Douglas Galton, Wheatstone, W. Fairbairn et Bidder, délégués par le *Board of trade,* et MM. Edwin Clarke, Varley, Latimer Clarke et Saward, délégués par la Compagnie du télégraphe transatlantique.

tique s'arrêta après cette enquête fut analogue au type
que l'administration française avait choisi pour la ligne
d'Alger à Port-Vendres. Le choix des matériaux et leur
mise en œuvre furent entourés de soins particuliers
qui n'avaient point été apportés aux fabrications précédentes.

Le conducteur se composait de sept fils de cuivre tordus ensemble ayant chacun $1^{mm},2$ de diamètre. La qualité du cuivre employé fut soumise à un examen scrupu-
leux, et on rejeta tout ce qui n'avait pas une conductibilité
déterminée. Sur ce conducteur furent appliquées successivement quatre couches de gutta-percha, et entre chacune d'elles une couche de *Chatterton composition* (mélange
de gutta-percha et de goudron de Stockholm). L'âme du
câble ainsi terminée, la résistance et l'isolement en furent
mesurés avec un soin jusque-là inusité. On mit à profit
des méthodes nouvelles et des appareils de précision nou-
vellement construits. Un bourrelet de chanvre envelop-
pait la gutta-percha. Enfin venait l'armature extérieure,
formée de fils de fer; ces fils de fer n'étaient pas nus; ils
étaient préalablement entourés d'une garniture de chanvre
de Manille. Un fer spécial fut fabriqué pour la circonstance : c'était ce que les Anglais appellent un fer homo-
gène; il offre presque la même résistance que l'acier sans
en avoir la roideur. Le câble avait en tout un diamètre de
27 millimètres. Il pesait 900 grammes par mètre dans
l'air, et 390 dans l'eau; il pouvait supporter sans se
rompre une tension de 7,800 kilogrammes. La fabrication, commencée en avril 1864, était terminée à la fin de

mai 1865. On avait fabriqué 4,300 kilomètres de câble pour parer à toutes les éventualités.

Il s'agissait de trouver un bâtiment pour embarquer le câble. On renonçait au transport par moitié sur deux navires, ce procédé n'ayant pas donné de bons résultats. Mais où trouver un bâtiment capable de porter à lui seul dans ses flancs une masse qui pesait 4,500 tonneaux, sans compter l'approvisionnement de charbon et tout le matériel nécessaire à une pareille entreprise? On alla chercher le *Great Eastern*, qui, après avoir fait plusieurs voyages malheureux entre l'Angleterre et les États-Unis, reposait inutile dans la Tamise. On se hâta d'approprier le bâtiment à sa nouvelle destination. Trois grands puits étanches en tôle, de 17 mètres de diamètre et de plus de 6 mètres de profondeur, y furent disposés pour recevoir le câble. On y embarqua 8,000 tonneaux de charbon, et on choisit pour le commander l'un des plus habiles capitaines de la marine marchande, le capitaine Anderson. Le *Great Eastern* partit au commencement de juillet, escorté par deux bâtiments de la marine royale, le *Terrible* et le *Sphinx*.

Le 24 juillet, 155 kilomètres de câble environ avaient été immergés lorsqu'on constata subitement une diminution sensible de l'isolement. L'ingénieur, M. Canning, se décida à relever le câble pour trouver le point défectueux. Il en fallut relever 18 kilomètres; cette opération laborieuse dura vingt-quatre heures. On trouva le câble traversé diamétralement par un morceau de fil de fer qui avait pénétré dans la gutta-percha et atteint le conduc-

teur en cuivre. On coupa la partie défectueuse, on fit une
soudure et on se remit en route. Cinq jours se passèrent
sans encombre; les inquiétudes qu'avaient fait naître le
premier accident commençaient à se calmer, quand le
29 juillet, 1,300 kilomètres étant immergés, une nouvelle
perte plus sérieuse que la précédente se déclare. On procède au relèvement, et, au bout de neuf heures, on trouve
encore un fil de fer pointu qui traverse le câble. L'accident réparé, on remet le cap sur Terre-Neuve. Le 2 août
un nouveau défaut est signalé par le galvanomètre; on
commence le relèvement; mais un accident survenu à la
machine oblige à stoper; le câble, soumis à une tension
énorme, se rompt et tombe au fond de l'Océan. On était à
1,100 kilomètres de Terre-Neuve, par des profondeurs
de 3,700 mètres. M. Canning essaya en vain de draguer
le conducteur au fond de l'Océan. Au dire des ingénieurs
anglais, le câble fut quatre fois saisi par les grappins du
Great Eastern; quatre fois la corde qui tendait le grappin
rompit avant de l'amener à la surface. Ayant épuisé toutes
les cordes dont il pouvait disposer, M. Canning se résigna
à regagner l'Angleterre, après avoir soigneusement relevé
la position où gisait l'extrémité du fil et l'avoir marquée
par des bouées.

Tel est le récit succinct de la catastrophe de 1865.
Mais on s'était vu si près du but, qu'elle n'inspira point de
découragement. Les accidents qui s'étaient produits avaient
une nature si spéciale, qu'il semblait facile de les prévenir
par une surveillance énergique. Le *Great Eastern* avait
d'ailleurs fait preuve d'une grande aptitude au service

qu'on lui demandait. La machine de déroulement avait
bien fonctionné; seul, l'appareil de relèvement avait besoin de modifications. Dès le retour du *Great Eastern*, les
compagnies intéressées résolurent de persévérer dans leur
entreprise. Elles se décidèrent à poser un nouveau câble,
et à faire les tentatives nécessaires pour repêcher l'ancien,
que l'on prolongerait jusqu'à Terre-Neuve, de manière à
établir une double communication. Mais il fallait 15 millions. La compagnie avait épuisé son capital, elle ne pouvait pas l'augmenter, et la loi anglaise lui défendait également de contracter un emprunt. On tourna la difficulté
en constituant une nouvelle compagnie, qui prit le nom de
Compagnie du télégraphe anglo-américain. Son fonds social
de 60,000 livres sterling (divisé en 60.000 actions aux-
quelles on assurait par privilége un revenu de 25 p. 0/0
par an) fut immédiatement souscrit.

On fit donc sans aucun délai les préparatifs de la nouvelle expédition, qui devait être couronnée de succès. Le
câble laissé au fond de l'eau continuait à être expérimenté
par son extrémité libre à Valentia, et on constatait que
son état électrique n'éprouvait aucune altération. Pour
établir la double communication avec Terre-Neuve, on
disposait de 2.000 kilomètres de câble ancien, et on fit
fabriquer 3,500 kilomètres de câble neuf. Le nouveau
modèle ne différa du précédent que par quelques détails.
Il pesait 938 grammes par mètre dans l'air, et 445 gr.
dans l'eau; il pouvait supporter sans se rompre une tension de 9.072 kilogrammes; il était sensiblement plus ré-
sistant que le précédent. Le *Great Eastern*, malgré son

énorme capacité, était insuffisant pour recevoir tout le
câble; la compagnie logea une partie de l'ancien conducteur sur deux steamers qu'elle fréta, l'*Albany* et la *Medway*.
Un troisième navire, le *William Cory*, portait le câble
d'atterrissement destiné à la côte d'Irlande. Le *Great Eastern*
fut réparé, il fut muni d'un appareil qui permettait de
rendre instantanément les deux roues indépendantes l'une
de l'autre, de sorte qu'en les faisant marcher en sens contraire le navire tournait sur lui-même comme un pivot.
L'appareil de déroulement fut renforcé et disposé de façon à pouvoir au besoin relever le câble par l'arrière. Un
appareil de relèvement par l'avant fut installé à neuf. Le
Great Eastern, l'*Albany* et la *Medway* furent munis de grappins, de bouées et de cordages à la confection desquels on
apporta le plus grand soin. Le draguage en effet ne devait
plus être une opération accidentelle, il entrait dans le plan
principal de la campagne. Enfin, pour empêcher le renou-
vellement des accidents qui s'étaient produits en 1855, et
qu'on regardait comme étant l'œuvre de la malveillance,
on avait choisi minutieusement les ouvriers qui devaient
travailler à bord; on leur avait donné des habits de toile
boutonnant par derrière et s'ajustant par-dessus leurs vêtements ordinaires pour qu'ils ne pussent dissimuler aucun engin dangereux. On assure même que ces précautions spéciales avaient été corroborées par les menaces les
plus énergiques.

Le 13 juillet 1866, le *Great Eastern* souda son câble
au câble d'atterrissement préalablement fixé à Valentia,
puis, accompagné de l'*Albany* et de la *Medway*, et escorté

du navire de guerre le *Terrible*, il fit route à travers l'O-céan. Il suivait un chemin parallèle à celui de l'année précédente, à 50 kilomètres dans le sud. L'opération marcha merveilleusement. La communication avec Valentia était excellente. Un journal lithographié, donnant les nouvelles d'Europe, était distribué deux fois par jour aux passagers et à l'équipage. Dans la nuit du 18 au 19, il y eut un enchevêtrement de câble dans le réservoir d'arrière, mais l'accident fut réparé avec sang-froid et décision. Vers le 21 on passa avec une certaine angoisse en regard de l'endroit où avait eu lieu l'accident de l'année précédente ; la brise fraîchissait, et le *Great Eastern* avait de violents ressauts. Mais enfin le 27 juillet on reconnut la terre ; le lendemain soir le câble d'atterrissement était placé dans l'anse de *Heart's Content*, et la communication se trouvait complète. Le fil était dans d'excellentes conditions de transmission. Le message du président Johnson à la reine Victoria, composé de quatre-vingt-un mots, fut transmis de Terre-Neuve à Valentia en onze minutes.

Mais le *Great Eastern* n'avait pas achevé sa tâche. Le nouveau câble heureusement posé, il restait à retrouver et à compléter l'ancien. Après quelques jours de repos, il partit pour son nouveau champ de manœuvre ; il s'y trouvait le 12 août avec l'*Albany*, la *Medway* et le *Terrible*. Pendant vingt jours cette flottille sillonna de ses grappins le fond de la mer dans la région où se trouvait l'extrémité de l'ancien câble. Les bouées placées en 1865 avaient disparu ; mais les observations faites permettaient de retrouver la position. Les marins les plus expérimen-

tés regardaient comme impossible de saisir l'ancien câble
par des profondeurs de 3,500 ou 4,000 mètres et de l'a-
mener sans encombre sur le bâtiment. On y réussit pourtant après vingt jours d'efforts et de tentatives de toutes
sortes. Ce fut un moment solennel, et qui a laissé une
vive impression chez tous les témoins de cette opération,
que celui où le chef électricien embarqué sur le *Great-Eas-
tern*, ayant amené à ses appareils l'extrémité du câble re-
pêché au fond de l'Océan, indiqua par un hourra de
triomphe qu'il communiquait avec l'Irlande. On communiquait non-seulement avec Valentia, mais aussi avec
Terre-Neuve, au moyen des deux câbles réunis. Il ne restait plus qu'à compléter le câble de 1866; cette opération fut terminée le 8 septembre. Ainsi deux fils télégraphiques, formant ensemble une longueur de plus de
7,000 kilomètres, joignaient les deux rivages de l'Atlantique.

L'Angleterre tint à donner immédiatement de hautes
récompenses à ceux à qui était dû ce grand événement.
MM. Daniel Gooch et Curtis Lampton, directeurs de la
dernière compagnie formée, furent créés baronnets.
M. Thompson, le célèbre professeur de l'université de
Glascow, M. Richard Glass, dont les ateliers avaient fabriqué les câbles de 1865 et 1866, M. Canning, l'infati
gable ingénieur de l'entreprise, M. Anderson, le commandant du *Great Eastern*, furent faits chevaliers. M. Cyrus
Field, le promoteur et l'âme de toute l'entreprise, ne put,
en sa qualité d'Américain, recevoir aucune récompense
de cet ordre. Mais le jury international de l'Exposition de

1867 l'a nominativement désigné pour le grand prix accordé aux câbles transatlantiques.

La compagnie qui exploite maintenant la communication entre l'Europe et l'Amérique doit se louer des circonstances qui l'ont amenée à établir un double conducteur sous-marin. Dès le premier mois de l'année 1867, le câble de 1866 a été rompu par un énorme glaçon flottant qui était venu s'échouer près du banc de Terre-Neuve. Ce dégât put être réparé au bout de quelques semaines. Plus récemment, le câble de 1865 a été interrompu à son tour; la rupture a eu lieu encore à une faible distance de Terre-Neuve, et il a été facile d'y porter remède. Malgré ces accidents, et grâce à l'existence d'une double communication, la correspondance entre l'Europe et l'Amérique n'a point éprouvé d'interruption.

Il serait trop long de mentionner toutes les autres tentatives qui ont été faites sur divers points et avec des fortunes diverses pour établir des conducteurs sous-marins. Après l'établissement d'une communication transatlantique, dont l'importance est naturellement de premier ordre, il est juste cependant de mentionner la jonction de la France et de l'Algérie, qui a été, depuis plus de dix ans, l'objet des efforts persévérants de l'administration française. Si nous en retracions l'histoire, nous retrouverions, sur une échelle un peu réduite, toutes les péripéties que nous venons de raconter. Aussi n'en ferons-nous pas le récit détaillé; il nous suffira de rappeler quelques dates qui marquent les principales opérations faites par l'administration française ou entreprises sous ses auspices.

1854. Établissement d'un câble à six conducteurs et armé de douze fils de fer, entre la Spezzia et la Corse, puis entre la Corse et la Sardaigne. Deux tentatives infructueuses pour poser un câble semblable entre Cagliari et Bone.

1857. Pose d'un fil à quatre conducteurs entre le cap de Garde, près Bone, et le cap Teulada (Sardaigne) (interrompu en 1859).

1860. On essaye de poser un câble entre Alger et Marseille; on échoue dans la tentative: mais on réussit du moins à établir une communication entre Alger et Mahon.

1861. Essai de pose de Toulon à Alger.

1861. Pose d'un câble de Mahon à Port-Vendres. Établissement d'une communication directe entre Alger et Port-Vendres (interrompue en 1862).

1862. Pose d'un câble de Toulon en Corse (rompu en 1863).

1864. Deux tentatives infructueuses pour établir entre Oran et Carthagène un câble Siemens (âme recouverte d'une cuirasse flexible de bandes de cuivre dont les spires se recouvrent).

1865. Le *Dix-Décembre*, bâtiment appartenant à l'administration française, pose un câble de Marsala (Sicile) à Bizerte (Tunisie), et un câble de Bizerte à la Calle (Algérie).

Le second de ces deux câbles, interrompu en 1866; mais le premier fonctionne encore.

1866. Le *Dix-Décembre* relie également par un câble Livourne à la Corse.

On a pu voir, dans les indications qui viennent d'être données sur les câbles sous-marins, quels sont les points sur lesquels ont porté les perfectionnements apportés à leur fabrication.

Une grande compagnie anglaise, la *Gutta-percha Company*, obtient maintenant une gutta-percha perfectionnée qui a un pouvoir isolant cinq ou six fois plus considérable que celle qu'on employait au début. La gutta-percha est, comme on sait, le suc d'un arbre spécial qui croît dans les îles de l'océan Indien, à Java, à Sumatra, à Bornéo. Les indigènes le recueillent quelquefois par gemmation, suivant la méthode usitée dans les Landes pour recueillir la résine des pins; mais le plus souvent, pour aller plus vite, ils abattent l'arbre même et en tirent directement la séve. La gutta-percha arrive ainsi fortement mélangée de substances diverses, et notamment de matières ligneuses. De ce mélange impur, on parvient, par des procédés de laboratoire, à séparer une matière blanche, qui est la gutta-percha chimiquement pure (composée de 88,96 de carbone et de 11,04 d'hydrogène). Celle que la compagnie prépare est loin d'atteindre ce degré de pureté, elle reste brune et contient encore des matières étrangères.

Le caoutchouc entre dans la fabrication de quelques câbles anglais. C'est une matière qui offre un pouvoir isolant quatre fois supérieur à celui de la gutta-percha la plus perfectionnée. Mais il offre cet inconvénient capital qu'il attaque le cuivre et qu'il ne peut pas, par conséquent, être appliqué directement sur le conducteur intérieur du câble. Il ne peut pas, d'ailleurs, être travaillé à chaud comme la gutta-percha, parce qu'une température de 80 degrés l'altère sensiblement. On s'en sert quelquefois pour faire une couche qui recouvre la gutta-percha. C'est une substance qu'il importe d'ailleurs d'étudier et d'expérimenter. On serait en effet obligé d'y recourir dans une mesure beaucoup plus grande, si la gutta-percha venait à manquer, comme nous en sommes menacés, dit-on, par les procédés d'exploitation beaucoup trop primitifs dont se servent les indigènes de l'Océanie.

En combinant le caoutchouc, la gutta-percha, le goudron, la résine, et diverses matières analogues, on forme divers mélanges isolants dont la composition exacte est ordinairement tenue secrète par ceux qui les emploient. Les principaux sont :

La composition Chatterton (mélange de gutta-percha et de goudron de Stockholm) ;

La composition Wray (gutta-percha, caoutchouc, gomme laque, silice en poudre ou alumine) ;

La composition Godefroy (gutta-percha, caoutchouc, noix de coco pulvérisée) ;

La composition Radcliffe (gutta-percha et charbon).

Si on cherche comment ces diverses substances se comportent au point de vue du courant électrique, on peut dresser le tableau ci-dessous, où la gutta-percha perfectionnée est prise pour terme de comparaison :

MATIÈRES.	POUVOIR ISOLANT.
Gutta-percha perfectionnée	1,00
Gutta-percha vulgaire	0,26
Caoutchouc	4,80
Composition Wray	2,30
Composition Godefroy	0,05
Composition Radcliffe	0,08

Les perfectionnements introduits dans la fabrication des câbles tiennent surtout à l'amélioration des méthodes employées pour mesurer l'isolement et la résistance des lignes. Nous aurons occasion de parler plus loin des appareils employés pour ces mesures.

Les câbles sont d'ailleurs nombreux à l'Exposition universelle. La maison Rattier et Cie, en France, MM. Siemens et Halske, en Prusse. MM. Siemens, Hooper et Henley, en Angleterre, exposent des collections de câbles sous-marins. Nous donnons ici, seulement pour quelques-uns de ces échantillons, l'indication exacte de leurs éléments :

POINTS D'ATTERRISSEMENT.	DATES.	COMPOSITION DU CÂBLE.	POIDS par KILOMÈTRE.	LONGUEUR.
			kilogr.	kilom.
DOUVRES. — CALAIS. (Gris-Nez.)	28 août 1850.	Un fil de cuivre recouvert d'une couche de gutta-percha de 6 millimètres d'épaisseur.		
DOUVRES (Souther-land). — CALAIS (Saugatte).	26 septembre 1851.	Quatre fils de cuivre de 1 millimètre 1/2 entou-rés chacun d'une enve-loppe de deux couches de gutta-percha ayant ensemble une épaisseur de 3 millimètres et pro-tégées par un matelas de chanvre goudronné en-touré de dix fils de fer de 7 millimètres de dia-mètre enroulés en hé-lice.	4,400	40
ANGLETERRE. — IR-LANDE.	1852.	Un fil de cuivre entouré de gutta-percha et de douze fils de fer galva-nisé de 3 millimètres de diamètre.		120
DOUVRES. — OS-TENDE.	1853.	Six fils de cuivre entourés de gutta-percha, de chanvre, et de douze fils de fer galvanisé de 7 millimètres de dia-mètre.	4,200	130
ANGLETERRE. HOLLANDE.	1853.	Quatre petits câbles à un fil entouré de gutta-percha, de filin et de fil de fer de 4 milli-mètres de diamètre.		

POINTS D'ATTERRISSEMENT.	DATES.	COMPOSITION DU CÂBLE.	POIDS par KILOMÈTRE.	LONGUEUR.
			kilogr.	kilom.
FRANCE. — ALGÉ-RIE. 1re Section. SPEZZIA. — CORSE. 2e Section. CORSE. —SARDAIGNE.	1854.	Six fils recouverts de gutta-percha, de chanvre et de douze fils de fer de 8 millimètres de dia-mètre.	5,000	
3e Section. SARDAI-GNE. — BONE.	1er essai, 1854.	Idem.		
	2e essai.	Idem.		
	3e essai, 8 septembre 1857.	Quatre conducteurs formés chacun de quatre fils de cuivre enroulés en spi-rale et formant une corde enveloppée de deux cou-ches de gutta-percha. Conducteurs réunis et entourés d'une corde de chanvre et de dix-huit fils de fer galvanisés de 5 millimètres de dia-mètre.		
MARSEILLE. — ALGER.	10 septembre 1860.	Un conducteur formé de sept fils de cuivre fins tordus et ayant ensemble un diamètre de 2 milli-mètres, recouverts de quatre couches de gutta-percha, alternant avec quatre couches de Chat-terton composition, don-nant à l'enveloppe iso-lante une épaisseur de 3 millimètres 1/2, ce qui		

POINTS D'ATTERRISSEMENT.	DATES.	COMPOSITION DU CÂBLE.	POIDS par KILOMÈTRE.	LONGUEUR.
			kilogr.	kilom.
		faisait, avec le conducteur, un cylindre de 9 millimètres de diamètre. Le tout recouvert de filin goudronné formant matelas et ayant 2 à 3 millimètres d'épaisseur.		
FRANCE. — CORSE.	Juin 1862.	*Idem.*		
TOULON. — ALGER. Par MAHON.	14 novembre 1861.	*Idem.*		
PORT-VENDRES. — MAHON.	31 août 1861.	. . . .		344
CARTHAGÈNE. — ORAN.	Février 1864.	Un conducteur formé de sept fils fins de cuivre, d'une enveloppe de caoutchouc, d'une enveloppe de gutta-percha, de deux couches de fortes cordes de chanvre saturées de goudron appliquées à spires croisées; cuirasse extérieure formée de bandes flexibles de cuivre dont les spires se recouvrent. Diamètre total, 13 millimètres.		210
VALENTIA. — TERRE-NEUVE.	1er essai, 7 août 1857. 2e essai, 19 juillet 1858 au 15 octobre 1858.	Un conducteur formé d'une corde de sept fils de cuivre de 6 millimètres de diamètre, recouverte de trois couches de gutta-percha ayant ensemble	634	3,300

POINTS D'ATTERRISSEMENT.	DATES.	COMPOSITION DU CÂBLE.	POIDS par KILOMÈTRE.	LONGUEUR.
			kilogr.	kilom.
		une épaisseur de 4 millimètres, et de cordes de chanvre imprégnées d'une composition de goudron de Stockholm, de poix, d'huile de lin et de cire. Revêtement extérieur, dix-huit cordes de fil de fer, chaque corde composée de sept fils de fer de 7 millimètres de diamètre. Câble enduit de goudron.		
Suez. — Kurra-chee.		. . . .		
Suez. — Kurra-chee.		Un conducteur formé d'une corde de sept fils de cuivre, de deux couches de gutta-percha alternant avec deux couches de Chatterton composition, d'une enveloppe de chanvre et d'une armature de dix-huit petits fils de 1 millimètre 1/2 de diamètre, remplacés, aux abords des côtes, par neuf fils de fer de 5 millimètres 1/2.		5,400 kilom. en 6 sections dont la plus longue est de 1,300 kilom.
Câble des Indes.	1864	Un conducteur formé de quatre fils étirés dans un fer creux, de façon à présenter l'apparence d'un seul fil massif, re-		

POINTS D'ATTERRISSEMENT.	DATES.	COMPOSITION DU CÂBLE	POIDS par KILOMÈTRE.	LONGUEUR.
			kilogr.	kilom.
		couvert de quatre couches de gutta-percha, d'une couche de chanvre humide et d'une armature protectrice de douze fils de fer galvanisés de 4 millimètres de diamètre. Câble recouvert d'une double enveloppe de chanvre et d'une double couche d'un composé bitumineux de MM. Bright et Clarke. Aux abords des côtes l'armature est composée de fils de fer plus gros.		
IRLANDE. -- TERRE-NEUVE.	1865.	Un conducteur formé d'une corde de sept fils ayant chacun 2 millimètres de diamètre, ce qui donne une épaisseur totale de $2^{mm},6$. Le fil central est recouvert d'une couche visqueuse de Chatterton composition, sur laquelle sont appliqués les autres fils. Le tout est recouvert de quatre couches de gutta-percha alternant avec quatre couches de Chatterton composition.	982	

TROISIÈME PARTIE.

APPAREILS DE TRANSMISSION.

APPAREILS DE TRANSMISSION.

Il ne peut être ici question ni d'apprécier ni de décrire
tous les appareils exposés. Il suffit d'en indiquer quelques-
uns pour marquer l'état actuel de la télégraphie. Une re-
marque est d'ailleurs nécessaire. Les noms qui seront ci-
tés dans les pages qui vont suivre ne représentent pas
toutes les inventions les plus brillantes ou les plus nouvelles. Ils ont été choisis seulement pour donner l'occasion
de toucher successivement aux diverses questions qu'em-
brasse la pratique de la télégraphie. Il ne s'agit donc pas
de juger le mérite des inventeurs ou des constructeurs, et
les questions de personnes doivent être absolument écar-
tées. C'est au travail du jury qu'il faut se référer, si l'on
veut se faire une opinion sur les titres des exposants.

Les bornes de cette notice sont aussi trop restreintes
pour qu'il soit possible de faire l'histoire des perfectionnements successifs introduits dans les systèmes de transmission. L'administration française a organisé au Champ
de Mars, dans l'espace trop restreint qui lui a été concédé,
une sorte de petit musée historique où figurent les divers
systèmes qui ont été successivement employés, depuis le
télégraphe aérien des frères Chappe. On a vu, pages 17
et 18, la nomenclature complète des objets ainsi exposés.

Les appareils sont examinés ci-après dans l'ordre suivant :

Appareils à cadran (ordinaires);

Appareils à cadran électro-magnétiques:

Appareils Morse;

Manipulateurs Morse automatiques;

Appareils imprimeurs;

Appareils imprimeurs à échappement;

Appareils imprimeurs à mouvement synchronique;

Appareils autographiques;

Typotélégraphes.

APPAREILS A CADRAN.

L'appareil à cadran est, pour ainsi dire, l'appareil élémentaire de la télégraphie. Pour envoyer une dépêche par un appareil de ce genre, il suffit d'arrêter successivement la manivelle du manipulateur sur les diverses lettres des mots à transmettre; au poste correspondant, ces lettres sont fidèlement indiquées par l'aiguille du cadran récepteur.

Il serait inutile de rappeler ici la disposition générale de cet appareil, qui est fort connu, et qui, en raison de la facilité de son usage, continue à être employé par la plupart des compagnies de chemin de fer.

Dans les cadrans ordinaires le mouvement de la palette oscillante est commandé dans un sens par l'attraction du fer doux aimanté, et dans l'autre par un ressort de rappel. Il faut donc, pour que l'appareil fonctionne convenablement, qu'il y ait un certain rapport entre l'intensité du courant et la tension du ressort. De là la nécessité de faire varier cette dernière quand le courant vient à varier lui-même par une cause quelconque : c'est ce qu'on appelle régler l'appareil. Ce réglage a toujours été considéré comme incommode pour un appareil qui doit souvent être manœuvré par des agents inexpérimentés, et l'on a cherché depuis longtemps à atténuer cet inconvénient.

On peut voir au Champ de Mars un certain nombre de spécimens de cadrans dits *sans réglage*. Tel est, par

exemple, l'appareil représenté par les figures 18 et 19,
et qui a été construit par MM. Digney. Cet appareil a
donné dans la pratique de bons résultats. Le manipulateur (fig. 18) est disposé de telle sorte que la pièce O,

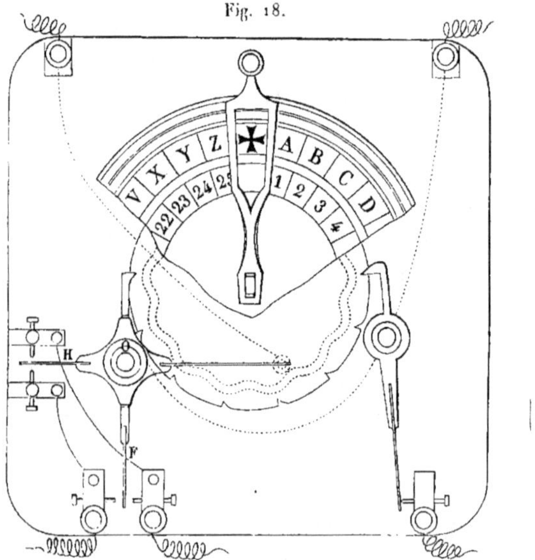

Fig. 18.

munie de deux ressorts H et F, envoie alternativement
sur la ligne un courant positif et un courant négatif.

Dans le récepteur (fig. 19), la palette E qui commande le mouvement de l'aiguille est liée à l'électro-aimant suivant la disposition connue sous le nom de *relais
de Siemens*. Liée au pôle sud d'un aimant recourbé, elle
est placée de manière à osciller entre les deux extrémités
nord du même aimant qui soutient et polarise les fils des

deux bobines. Cette palette oscille donc, comme il arrive
dans le relais Siemens, sous l'influence de courants alter-

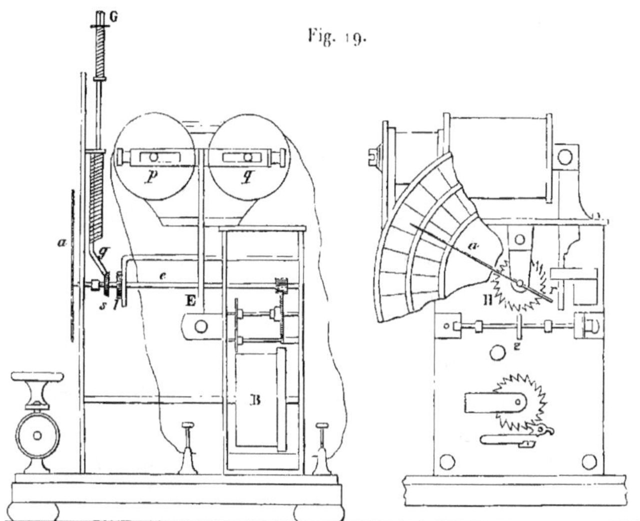

nativement positifs et négatifs. Elle déclanche d'ailleurs,
au moyen de la roue H et de la fourchette z, l'aiguille a,
dont le mouvement est commandé comme à l'ordinaire
par un mécanisme d'horlogerie B.

On peut rendre l'appareil plus sensible en rapprochant
de la palette E les petites masses p et q (fig. 19) qui ter-
minent le fer des bobines. D'un autre côté, si le courant
est trop intense, on est obligé de les éloigner un peu pour
éviter les mouvements trop brusques de l'armature et la
dépolarisation de la palette. On ne peut donc pas dire
que l'appareil n'ait jamais besoin de réglage. Cependant il

est certain qu'il peut fonctionner entre des limites plus étendues que les appareils à ressort antagoniste. On peut donc l'utiliser dans les bureaux confiés à des agents sur lesquels on ne peut compter pour le réglage de l'instrument.

Cet appareil présente pourtant un désavantage sur le cadran ordinaire. Dans celui-ci, l'aiguille avance d'un cran à chaque passage et d'un cran aussi à chaque interruption du courant. Celui qui vient d'être décrit demande, pour chaque mouvement de la palette et conséquemment de l'aiguille, un courant soit positif, soit négatif. Il exige donc en somme deux fois plus d'émissions de courant que l'appareil ordinaire.

On peut remarquer encore (fig. 19) une disposition spéciale employée pour rappeler l'aiguille à la croix. L'aiguille n'est pas calée directement sur l'axe d'échappement *e*, mais sur un second axe indépendant du premier et qui communique avec lui par les deux petites roues dentées *s* et *t*. A l'état ordinaire ces deux roues engrènent et le mouvement de la roue d'échappement est communiqué à l'aiguille. Mais, si on appuie sur le bouton extérieur G, on agit sur une lame flexible *g*, qui pousse la roue *s* en faisant un peu avancer l'aiguille. Les deux roues sont désengrenées; du même coup deux biseaux ou sifflets se rencontrent, font tourner l'aiguille pour pouvoir s'appliquer rigoureusement l'un sur l'autre, et opèrent ainsi le rappel à la croix. Ce rappel a lieu ainsi sans que la roue d'échappement soit abandonnée par sa fourchette, et l'on évite par ce moyen le choc qui a lieu dans les appareils où la fourchette doit ressaisir la roue au milieu d'un mouvement rapide.

D'ordinaire, la roue destinée à produire les émissions et les interruptions du courant, et qui constitue le manipulateur, est mise en mouvement à l'aide d'une poignée qu'on arrête au-dessus des lettres ou signes à transmettre. Si la roue tournait d'un mouvement uniforme sous l'action d'un mécanisme d'horlogerie, elle ferait en même temps tourner l'aiguille du poste correspondant, et il suffirait de l'arrêter à des intervalles convenablement déterminés pour arrêter le mouvement au bureau d'arrivée et marquer les signaux. Tel est le principe du manipulateur à clavier de M. Froment.

Il est formé d'un clavier disposé comme celui d'un piano et sur les touches duquel sont inscrites les lettres de l'alphabet. Abaisse-t-on l'une quelconque de ces touches, on abaisse en même temps une traverse horizontale qui déclanche une roue dentée fixée sur un arbre moteur. Une roue interruptrice portée par cet arbre commence aussitôt à envoyer des courants à la station d'arrivée et à y faire marcher par conséquent l'aiguille indicatrice. Le mouvement ne s'arrête que quand l'arbre est lui-même arrêté par une came fixée à la touche abaissée. Vient-on alors à lâcher la touche, elle est relevée par un ressort, et un encliquetage saisit en même temps la roue dentée qui commande le mouvement de l'arbre.

Un assez grand nombre de manipulateurs ont été construits d'après le même principe. Quelquefois le clavier est circulaire au lieu d'être rectiligne. Le déclanchement de

l'arbre moteur est quelquefois produit par la fermeture
d'un circuit local au lieu de l'être par l'abaissement d'une
traverse. D'autres fois la roue interruptrice, au lieu d'être
formée de bandes alternativement isolantes et conductrices, affecte la forme d'une double roue dentée, qui, en
buttant contre des ressorts, établit ou interrompt le courant de la pile.

C'est dans cette famille d'appareils qu'il faut classer
celui que MM. Digney ont construit pour éviter un des
principaux inconvénients que présente le manipulateur
ordinaire quand il est manœuvré par un employé inex-
périmenté. Quand une main inhabile cherche la lettre à
transmettre, elle produit des arrêts qui se traduisent à la
station d'arrivée par des erreurs de lecture. Si la manivelle est ramenée en arrière, l'aiguille d'arrivée n'en continue pas moins à marcher en avant et le désaccord se
met entre les deux appareils correspondants. Pour remé-
dier à ce défaut, MM. Digney ont rendu la distribution
du courant de ligne indépendante du mouvement de la
manivelle : cette distribution ne commence qu'au moment où la manivelle, définitivement arrêtée et abaissée
sur la lettre à transmettre, vient fermer le circuit d'une
pile locale. L'employé peut donc impunément tâtonner,
chercher sa lettre, revenir en arrière; il ne produit aucun
effet tant qu'il n'a pas mis la manivelle dans le cran.

Au-dessous de la table du manipulateur, MM. Digney
ont placé un mouvement d'horlogerie dont la roue d'é-
chappement est, à l'état de repos, arrêtée par la palette
d'un électro-aimant fonctionnant sous l'influence d'une

pile locale. Tant que dure la recherche de la lettre, le circuit de la pile locale reste ouvert et la roue d'échappement immobile. Quand la manivelle s'abaisse sur un cran déterminé, le circuit local se ferme et la roue d'échappement est déclanchée; elle se meut, distribuant le courant sur la ligne jusqu'à ce qu'elle soit arrêtée par une goupille fixée à la partie inférieure de la manivelle.

Cet appareil est employé sur les lignes du chemin de fer de l'Est. Il donne une lecture très-sûre; mais la transmission est nécessairement un peu lente, puisque le passage du courant, au lieu de s'effectuer pendant que la manivelle est en mouvement, ne commence qu'au moment où elle est arrêtée définitivement.

On peut mentionner ici l'appareil *Lippens*, employé sur les chemins de fer belges. Le manipulateur consiste en une manivelle qui envoie des courants alternativement positifs et négatifs : chaque tour complet de cette manivelle produit huit émissions; il faut ainsi quatre tours pour faire faire une révolution entière à l'aiguille. Le mouvement de la main ne peut donc plus être dirigé par le cadran même où sont marquées les lettres. Il faut que l'employé prenne pour guide le mouvement de sa propre aiguille que le courant fait mouvoir; il la suit des yeux et arrête la manivelle au moment où l'aiguille indique la lettre à transmettre.

APPAREILS A CADRAN ÉLECTRO-MAGNÉTIQUES.

On a eu depuis longtemps l'idée d'utiliser dans les cadrans la rotation de la manivelle pour produire des courants d'induction, de manière à éviter l'emploi des piles. Dans les appareils construits d'après ce principe, la manivelle, en passant d'une lettre à la suivante, fait mouvoir une bobine électro-magnétique en face d'un aimant fixe, ou réciproquement. Tels sont, par exemple, les appareils déjà anciennement connus de M. Siemens et de M. Wheatstone.

L'appareil de M. Siemens fonctionne depuis longtemps sur les chemins de fer prussiens. La machine électro-magnétique se compose d'une série d'aimants permanents réunis au moyen d'une semelle en fer par leurs pôles de même nom. En regard de ces aimants se meut un cylindre de fer doux présentant à peu près la forme d'un H, dont le bras central est entouré d'un fil recouvert. Le mouvement de la manivelle commande celui du cylindre de fer doux au moyen d'un pignon denté, de telle sorte que, dans l'intervalle d'une lettre à l'autre, il y ait une demi-révolution des cylindres, et, par conséquent, un courant envoyé sur la ligne. Les courants envoyés de cette façon sont instantanés, comme tous les courants d'induction. On ne peut donc pas, comme dans les récepteurs ordinaires, utiliser l'envoi et l'arrêt du courant pour faire avancer l'aiguille de deux divisions; il faut pour chaque lettre une émission spéciale. C'est là une particularité commune à tous les cadrans électro-magnétiques.

Ajoutons que, dans l'appareil de M. Siemens, la manivelle est disposée de manière à ne tourner que dans un
seul sens; elle ne peut être ramenée en arrière : ainsi se
trouvent évités les défauts de concordance dont il a été
question plus haut.

Appareil électro-magnétique de M. Wheatstone. — La
compagnie de télégraphie privée qui fonctionne à Londres a mis en usage depuis plusieurs années l'appareil de
M. Wheatstone,
représenté par les
figures 20 et 21
(manipulateur et
récepteur).

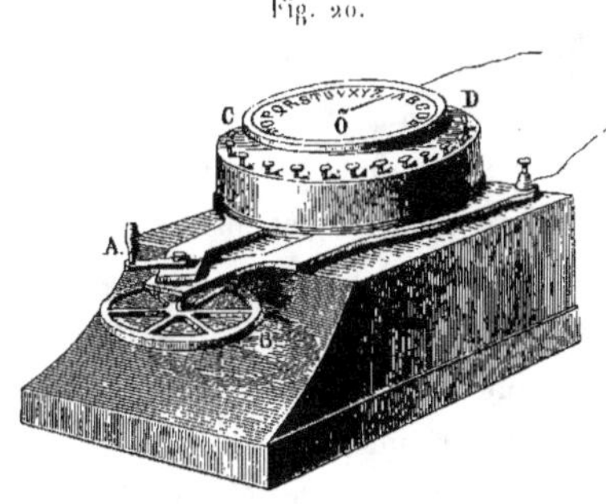

Fig. 20.

Le courant dé-
veloppé par l'ap-
pareil Siemens qui
vient d'être décrit
varie d'intensité
suivant la vitesse imprimée aux parties mobiles. Or la
main qui guide la manivelle est portée à faire varier cette
vitesse, non-seulement d'une transmission à l'autre, mais
dans le courant d'un même tour; il y a un ralentisse-
ment naturel au moment où l'on marque chaque lettre.
M. Wheatstone a évité cet inconvénient en rendant la formation des courants indépendante de celle des signaux.
Son manipulateur se compose d'une roue B qu'on met en
mouvement au moyen d'une manivelle A et d'un cadran
C D muni de touches où sont inscrites les lettres de l'al-

phabet. Au milieu de ce cadran tourne une aiguille indicatrice O.

D'une main on donne à la manivelle A un mouvement

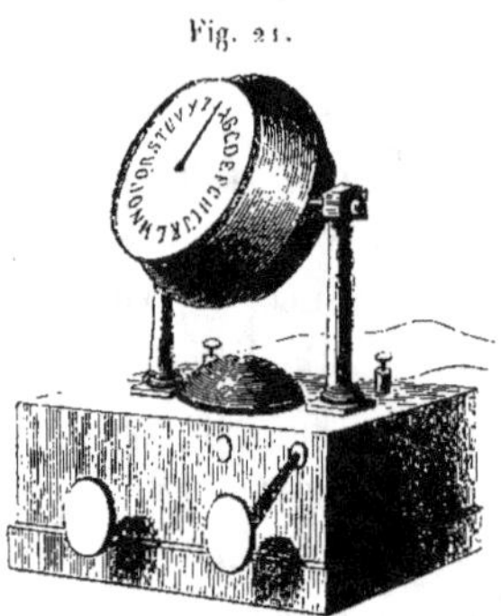

Fig. 21.

continu et uniforme pen-
dant toute la transmission ;
de l'autre on abaisse successivement les touches qui
représentent les lettres à
transmettre. Lorsque aucune
touche n'est abaissée, le
mouvement de la manivelle
se transmet indéfiniment à
l'aiguille O, et celle-ci commande l'envoi des courants
induits qui font mouvoir l'aiguille du récepteur; les deux
aiguilles marchent donc indéfiniment d'accord. Lorsqu'on vient à abaisser une touche, l'aiguille O cesse d'être
conduite par la roue B. le courant n'est plus envoyé
sur la ligne, et l'aiguille du récepteur s'arrête également.
Dès que la touche se relève, le mouvement de la première aiguille, et, par conséquent, celui de la seconde,
recommence.

Pour qu'on n'ait pas à relever les touches après la
transmission de chaque lettre, M. Wheatstone a disposé
l'appareil de manière qu'une seule touche puisse être
abaissée et que chacune se relève spontanément dès qu'on
appuie le doigt sur une nouvelle. A cet effet, toutes les
touches reposent sur une petite chaîne sans fin portée
par des poulies. La chaîne est assez lâche pour qu'une

touche puisse s'abaisser en la faisant fléchir; mais alors elle se trouve tendue, et, si on abaisse une seconde touche, la chaîne ne peut céder qu'en relevant la première.

Le recepteur de M. Wheatstone a de très-petites dimensions. Le cadran où sont marquées les lettres, et au centre duquel tourne une aiguille très-fine, ressemble à une grosse montre. En raison de la faible masse de l'aiguille, on peut supprimer le mouvement d'horlogerie. Une armature légère, formée de deux petites tiges aimantées, se meut entre deux électro-aimants et commande directement, au moyen d'une petite roue à rochet, la rotation de l'aiguille indicatrice.

Les dispositions essentielles de l'appareil de M. Wheatstone se retrouvent dans celui que M. Glœsener a exposé (section belge). Le manipulateur est à clavier circulaire, et l'aiguille du récepteur est mue directement par la queue d'une palette placée entre deux aimants.

Appareil de MM. Guillot et Gatget. — Cet appareil, employé par la compagnie du chemin de fer d'Orléans, développe des courants d'induction au moyen de la disposition suivante : un aimant permanent en fer à cheval est placé horizontalement sous la table du manipulateur; chacun des pôles est armé de deux cylindres de fer doux verticaux, formant les noyaux de quatre bobines; une plaque rectangulaire de fer, liée à la manivelle du cadran, tourne avec celle-ci en face des quatre noyaux aimantés; elle fait donc varier leur aimantation et développe des courants

induits dans les fils des bobines. Ces courants, qui changent de sens à chaque quart de révolution de la plaque,
sont envoyés sur la ligne, et commandent le mouvement
du récepteur au moyen d'une palette aimantée placée
entre deux électro-aimants en fer à cheval.

APPAREILS MORSE.

L'appareil Morse est assez connu pour qu'il soit inutile de le décrire ici. Cet appareil a été adopté successivement par toutes les nations de l'Europe et est devenu d'un usage tout à fait général[1].

Les premiers appareils Morse étaient, comme on sait, à pointe sèche, et l'on en rencontre encore quelques spécimens au Champ de Mars. Cependant le gaufrage du papier par un stylet a été généralement abandonné depuis longtemps et l'on y a substitué des empreintes marquées à l'encre.

On s'est d'abord servi d'une plume ou d'un tire-ligne imprégné d'encre et qui s'abaissait sur la bande de papier; mais l'encre séchait promptement et les signaux cessaient d'être visibles. On employa ensuite un tire-ligne plongé dans un réservoir d'encre liquide et qui s'élevait sous l'action du courant sans quitter le réservoir. En Angleterre, quelques compagnies emploient encore un

[1] On se rappelle que le professeur Morse vint en Europe en 1858 pour exposer aux diverses administrations télégraphiques qu'il n'avait reçu aucune rémunération pour l'emploi du système dont il était l'inventeur. Une réunion internationale fut convoquée à Paris. Les représentants des différentes puissances décidèrent qu'une somme de 400.000 francs serait payée à M. Morse, à titre de gratification honorifique, comme récompense de ses travaux. Chaque gouvernement contribua à ce payement dans la proportion du nombre des appareils Morse qu'il employait en 1858. Les États qui concoururent à la liquidation de cette récompense internationale furent : l'Autriche, la Belgique, la France, les Pays-Bas, le Piémont, la Russie, les États du Saint-Siége, la Suède, la Toscane et la Turquie.

appareil dans lequel une feuille de papier noirci est enroulée sur un cylindre; une pointe sèche presse la bande
contre ce papier, qui laisse une trace noire assez nette; il
faut changer le papier tous les deux ou trois jours. On
eut bientôt l'idée de remplacer le tire-ligne par une petite roue ou molette tournant constamment et plongeant
à moitié dans un bassin plein d'encre; l'électro-aimant
attirait contre le papier la molette toujours imprégnée
d'encre, et il en résultait des signaux marqués en noir.
Enfin, cette disposition fut elle-même modifiée d'une manière fort heureuse, quand on inversa les mouvements de
la molette et de la bande. On rendit fixe l'axe de la molette, qui n'avait plus dès lors, pour s'imbiber d'encre,
qu'à frotter en tournant contre un tampon humide. Quant
au papier, il était soulevé au moment de l'impression et
pressé contre la molette par une petite lame d'acier ou
couteau fixée à la palette de l'électro-aimant. L'impression
ne demande ainsi qu'une très-petite force, de telle sorte
qu'on pouvait faire marcher le couteau par l'action directe
du courant de la ligne, et supprimer le relais placé dans
les anciens appareils. Cette disposition, indiquée par
M. Baudouin et réalisée par MM. Digney, a puissamment contribué à l'amélioration de l'appareil Morse; elle
a été immédiatement adoptée dans la plupart des pays de
l'Europe.

Le récepteur Morse se trouve ainsi ramené presque
partout à un type uniforme, et on ne pourrait signaler
que de légères différences entre les modèles présentés par
un assez grand nombre d'exposants.

Quant au manipulateur Morse, il se présente dans des conditions exceptionnelles de simplicité et d'uniformité, puisqu'il se réduit à une clef reliée au fil de ligne : l'abaisse-t-on, elle envoie le courant ; la laisse-t-on au repos, elle réunit la ligne à l'appareil. Cet engin est donc des plus simples, tant qu'on laisse à la main de l'employé le soin d'effectuer directement la transmission des signaux. Les conditions changent quand on cherche à produire automatiquement cette transmission.

Quelques-uns des instruments destinés à réaliser la transmission automatique seront décrits plus loin ; mais, avant de quitter, pour n'y plus revenir, les récepteurs Morse, il est bon d'indiquer certaines particularités que présentent quelques-uns d'entre eux.

Après avoir eu, au début de leur carrière, la bonne fortune de faire faire un progrès décisif au récepteur Morse, MM. Digney ont cherché à le perfectionner encore.

Dans un de leurs modèles, l'armature du levier fait corps avec le noyau d'un électro-aimant dont la bobine est traversée par le courant de la ligne. Les extrémités prennent ainsi des polarités magnétiques contraires à celles des noyaux de l'électro-aimant principal. Les constructeurs espèrent que cette disposition augmentera la sensibilité de l'appareil et lui permettra de fonctionner sous l'influence de courants très-faibles.

Dans un autre modèle, chacune des bobines de l'électro-aimant est formée de deux fils indépendants qui peuvent être associés de différentes manières : on peut ainsi proportionner, dans certaines limites, la résistance de l'électro-aimant à celle de la ligne.

MM. Longoni et Dell'Acqua, de Milan, exposent un récepteur où la palette est munie d'un électro-aimant supplémentaire, comme dans le modèle Digney qui vient d'être mentionné.

On trouve dans l'Exposition portugaise un télégraphe Morse modifié par M. Hermann. Les points et les traits sont imprimés par la pointe d'un style métallique muni d'une rainure longitudinale dans laquelle s'engage l'encre qui découle d'un petit réservoir spécial.

M. Sortais expose un récepteur où se déclanche automatiquement le mécanisme qui conduit la bande de papier. Dans les appareils ordinaires il faut qu'un employé mette la bande en mouvement au début de la transmission et l'arrête quand la transmission est finie. Si l'appareil pouvait remplir de lui-même cette double fonction, la présence immédiate d'un employé cesserait d'être nécessaire, et on pourrait recueillir après coup des dépêches spontanément enregistrées. Disons tout de suite que l'avantage est plus illusoire que réel. Dans la pratique on ne peut guère se passer de la présence d'un employé, et des dépêches qui seraient transmises sans un contrôle immédiat auraient grande chance de se perdre. Quoi qu'il en soit, le déclanchement automatique offre un certain intérêt, au moins théorique, et ce problème fut posé il y quelques années par l'administration française. Un grand nombre de solutions furent proposées. Celle de M. Sortais est une des plus simples. Le rouage qui meut le papier est mis en mouvement, comme à l'ordinaire, par un ressort, et arrêté par un bras qui vient toucher le volant régulateur. Ce bras est formé d'un long levier avec contre-poids reposant sur un axe qui porte aussi une roue à rochet. Quand le courant commence à passer dans l'appareil, le levier imprimeur éloigne le butoir de la roue à rochet; alors le contre-poids s'abaisse, fait tourner la roue et déclanche le volant. Un des pignons du mouvement d'horlogerie porte une dent saillante qui accroche la roue à rochet et la ramène d'un cran à chaque révolution, soulevant ainsi le contre-poids et rapprochant du volant le bras qui doit l'arrêter. Mais chaque cran ainsi gagné ne se maintient que si le butoir soutient la roue à rochet, et chaque nouveau courant qui arrive éloigne ce butoir. Le volant continue donc à tourner. C'est seulement lorsque toute émission de courant a cessé depuis quelque temps, que la roue, ramenée dent par dent à sa position, vient placer le bras d'arrêt en face du volant. Le papier se déroule ainsi de 15 centimètres environ après le passage du dernier courant et l'appareil s'arrête de lui-même [1].

Le récepteur de M. Sortais présente aussi une disposi-

[1] L'une des solutions, peut-être la meilleure, du problème qui vient d'être exposé, consiste à faire agir le bras d'arrêt, non plus sur le volant lui-même, mais sur un ressort en spirale fixé au volant. Le levier imprimeur déclanche ce bras comme dans l'appareil décrit ci-dessus. Quand le bras agit sur le ressort, le volant continue à tourner en tendant ce ressort, mais le ressort se détend pour chaque nouveau courant qui arrive. Il faut donc que la transmission ait cessé depuis quelque temps pour que le ressort complétement tendu en vienne à arrêter le volant.

tion réalisée par quelques autres appareils, et qu'il n'est pas inutile de mentionner. D'ordinaire le levier du récepteur est armé d'une vis qui permet de régler la position du marteau imprimeur, de manière que la transmission puisse se faire avec ou sans impression des signaux sur la bande de papier : l'impression n'a pas à se produire quand l'appareil fonctionne comme translateur. Pour éviter le réglage de la vis, M. Sortais l'a remplacée par une excentrique qu'il suffit de faire tourner sur son axe pour passer sans tâtonnement de la position de réception à celle de translation, et réciproquement. Les choses sont disposées d'ailleurs pour que, dans la position de translation, le jeu du levier ne déclanche pas le mouvement d'horlogerie et ne provoque pas le déroulement du papier.

Plusieurs appareils destinés à la télégraphie militaire ont été construits de façon à présenter un très-petit volume et à pouvoir être transportés facilement. Il y a lieu de mentionner à cet égard les appareils exposés dans la section autrichienne, où le colonel d'Ebner a réuni un grand nombre d'engins destinés à la télégraphie de campagne. On peut citer aussi l'appareil construit en aluminium par l'administration française. L'outillage complet du poste, manipulateur, récepteur, paratonnerre, galvanomètre, encrier, tient dans une boîte fort petite; une pile Marié-Davy à bouchon est disposée dans une seconde boîte. MM. Digney ont exposé également un poste militaire : le récepteur est formé d'un relais Siemens dont la palette forme un levier à signaux.

MANIPULATEURS MORSE AUTOMATIQUES.

Les points et les barres qui composent l'alphabet Morse ne sont pas toujours formés régulièrement quand ils sont transmis directement par la main de l'employé.

On a cherché, depuis longtemps, à régulariser cette transmission par divers artifices. On a proposé, par exemple, de se servir d'une sorte de table où les signaux Morse sont représentés par des plaques de cuivre incrustées dans l'ivoire; pour transmettre une lettre, on fait glisser régulièrement à la main un stylet mécanique le long des plaques de cuivre qui correspondent à cette lettre. On a eu aussi l'idée de remplacer le manipulateur ordinaire par un clavier portant une lettre sur chaque touche. Des lames de cuivre sont incrustées en face de chaque touche sur un long cylindre, de manière à représenter les différentes lettres; lorsqu'on abaisse une touche, on dégage un mouvement d'horlogerie qui fait tourner le cylindre en même temps qu'un levier à contact métallique vient appuyer sur les plaques de cuivre qui passent en face de la touche. Le circuit de la pile est ainsi fermé, et les courants sont envoyés sur la ligne, dans les conditions voulues pour une formation régulière des signaux.

Les appareils de cette catégorie n'ont jamais paru propres à remplacer la manipulation simple, c'est-à-dire l'emploi d'un levier-clef manœuvré directement par l'employé. Un intérêt plus grand s'attache aux procédés de transmission qui consistent à composer les dépêches à

l'avance pour les faire transmettre mécaniquement. Dans
les conditions ordinaires du service, la composition préalable des dépêches est un élément de complication qui,
jusqu'ici, a rendu impraticable un pareil système; il peut
se présenter cependant tel moyen rapide et commode
d'effectuer cette composition qui en atténue les inconvénients. D'ailleurs, dans certains cas particuliers, lorsqu'on
dispose d'un petit nombre de fils pour un grand nombre
de dépêches, il peut y avoir là un moyen d'augmenter la
puissance productive de chaque conducteur, si l'on a
d'ailleurs un nombre d'agents suffisant pour faire à part
le travail de préparation.

Les dépêches peuvent être, par exemple, découpées préalablement à l'emporte-pièce sur une bande de papier, les
traits et les points étant remplacés par des ouvertures de
longueurs convenables. Tel est le principe de l'appareil
exposé par MM. Digney. Les trous longs et les trous courts
sont faits avec deux emporte-pièce distincts, placés l'un à
côté de l'autre, de sorte que tous les points se trouvent
sur une ligne et les traits sur une autre ligne latérale. Le
levier de chaque emporte-pièce fait d'ailleurs avancer le
papier d'une longueur convenable, pour maintenir l'espacement régulier des barres et des points; il y a un levier
spécial pour les blancs. Le papier ainsi préparé est placé
dans le transmetteur, qu'il entraîne au moyen d'un mouvement d'horlogerie. Le transmetteur a deux styles qui
appuient sur la partie pleine du papier contre lequel ils
sont pressés par un ressort. Dans cet état, le circuit de la
pile est ouvert et le courant ne passe pas. Au moment où

l'un des styles correspond à une partie évidée du papier, il exécute un mouvement de bascule et entraîne une lame élastique qui ferme le circuit; la durée du courant est d'ailleurs réglée par la longueur du trou où le style est engagé.

Ce composteur à emporte-pièce de MM. Digney rappelle celui que M. Wheatstone avait construit d'après le même principe, il y a déjà longues années.

Au lieu de découper les dépêches sur une bande de papier, on a songé à employer un cylindre sur lequel les signaux sont marqués au moyen de lames métalliques de largeur inégale, convenablement espacées et disposées en hélice. Ce cylindre est percé d'une série continue de fentes dont l'ensemble forme une ligne hélicoïdale. Dans ces fentes sont engagés de petits cubes d'égale dimension, qui peuvent avancer ou reculer; l'un d'eux forme un point, deux d'entre eux juxtaposés forment un trait; par l'absence de cubes, on fait des blancs de la longueur qu'on veut. La dépêche ainsi composée, on fait tourner le cylindre au moyen d'une manivelle ou d'un poids, de façon qu'il s'avance en tournant le long de son axe. Dans ce mouvement, un ressort fixe passe successivement sur tous les cubes qui figurent la dépêche et envoie le courant sur la ligne. Ce système, qui a été essayé, n'a pas donné, dans la pratique, de résultats satisfaisants.

On voit dans l'exposition prussienne un appareil Morse à transmetteur automatique, construit par MM. Siemens et Halske. Le courant de ligne est envoyé par une pile. La dépêche est composée à l'avance avec des types métalliques représentant chacun une lettre de l'alphabet Morse;

ces types sont placés dans l'ordre voulu le long d'une rainure pratiquée sur la tranche d'une règle métallique. Cette
opération se fait très-rapidement au moyen d'un composteur à clavier, analogue à celui dont se servent quelquefois
les imprimeurs. Quand la dépêche est composée, la règle
s'engage dans la rainure d'un support horizontal à crémaillère et glisse sous l'influence d'une pédale avec une
vitesse que l'employé expéditeur peut régler à volonté.
On peut accrocher les règles à la suite les unes des autres
et transmettre sans interruption une série de dépêches.
MM. Siemens et Halske ont aussi construit un petit appareil pour décomposer les dépêches et ramener les divers
types dans leurs cases respectives.

Parmi les systèmes à transmission automatique, il y a
lieu de mentionner ici celui que M. Chauvassaigne expé-
rimente actuellement à Paris, à l'administration centrale
des lignes télégraphiques.

La dépêche est d'abord composée en signaux Morse sur
une bande de papier métallique, à l'aide d'un vernis
isolant. On se sert à cet effet d'un manipulateur Morse ordinaire. Le papier passe dans les rouages d'un mécanisme
Morse, où la molette à encre est remplacée par un petit
godet plein d'une résine chaude. Une température convenable est entretenue dans ce petit récipient au moyen
d'une tige métallique que chauffe une lampe à alcool. Le
godet porte, à sa partie inférieure, un orifice fermé seulement par un linge, à travers lequel filtre lentement la
résine chaude. C'est contre ce linge que le levier de
l'appareil vient appuyer le papier métallique, de façon

qu'il y reçoive en points et en traits de petits dépôts de
résine. Cette résine sèche instantanément. La dépêche se
trouve donc imprimée à la façon ordinaire, seulement les
traces sont isolantes et le papier conducteur.

La bande ainsi préparée sert à la transmission automatique. On la porte sous un mécanisme à déroulement
dont la vitesse est réglée par un système d'ailettes. Un
stylet qui appuie sur le papier envoie le courant de la pile
à la terre, tant qu'il touche la partie conductrice, et le
fait passer par la ligne quand il rencontre les points et
les traits isolants.

A l'arrivée, la dépêche est tracée chimiquement par une
pointe de fer sous laquelle se déroule un papier imbibé
d'une solution de cyanure jaune de potassium. Cette impression chimique se fait dans des circonstances spéciales,
qui constituent un progrès sur les méthodes employées
précédemment. On se servait autrefois de papier préparé
chimiquement à l'avance, et on obtenait difficilement qu'il
fût toujours impressionnable au moment où il fallait
s'en servir. On l'humectait quelquefois pour l'employer,
mais alors il n'avait plus la consistance nécessaire pour
être bien guidé sous les rouages. M. Chauvassaigne se sert
d'une bande Morse ordinaire non préparée à l'avance. La
bande étant placée dans l'appareil et se déroulant, un
tampon imprégné de la solution chimique l'humecte légèrement en son milieu sur une largeur d'un ou deux millimètres seulement : le papier conserve ainsi sa roideur
par les deux bords; il est guidé de manière que la zone
humide reste toujours sous la pointe de fer.

On conçoit que, dans un pareil système, on puisse régler
le transmetteur automatique et le récepteur de façon à
obtenir une très-grande vitesse de transmission, si on
dispose d'un assez grand nombre de dépêches composées
à l'avance. Les procédés qui viennent d'être indiqués
présentent encore un avantage : au lieu de produire toujours une impression chimique à l'arrivée, on peut se
réserver de produire, dans certains cas, une impression
par points et traits isolants sur une bande métallique; la
dépêche ainsi reçue se prête à une réexpédition automatique. On peut trouver là des éléments utiles pour la solution générale du problème de la réexpédition des dépêches de passage.

Parmi les appareils qui écrivent les dépêches au moyen
de signaux conventionnels tracés sur une bande de papier,
le système Morse a une telle supériorité, qu'il est à peine
nécessaire de mentionner quelques essais auxquels ne
peut s'attacher qu'un intérêt historique.

Un des premiers appareils proposés en vue de produire
des signaux colorés est celui de M. Dujardin. Il date de
1849. Les signaux sont marqués par une plume imbibée
d'encre sur une feuille de papier enroulée autour d'un
tambour animé d'un double mouvement de rotation et de
translation. La plume placée verticalement, de manière
à plonger dans un bassin rempli d'encre ordinaire, est soulevée par chaque courant de manière à marquer un
point sur le tambour. M. Dujardin avait formé, pour cet
appareil, un alphabet composé de points diversement séparés.

C'est également à titre historique qu'on peut citer le
récepteur à crayon de M. Froment. On avait essayé de
faire marquer les signaux par une pointe de crayon, mais
la pointe s'émoussait rapidement et les signaux cessaient
de se produire. M. Froment résolut la difficulté par une
disposition ingénieuse qui consiste à faire tourner le crayon
à chaque mouvement qu'il exécute; le crayon incliné sur
le papier s'use ainsi régulièrement dans tous les sens. Le
crayon est placé en face d'un cylindre analogue à celui
qui vient d'être mentionné. Il décrit donc, quand l'électro-
aimant est en repos, une ligne hélicoïdale sur le cylindre.
Sous l'action des courants il se déplace un peu, normale-
ment à cette ligne, et trace ainsi de petites coches dont
la succession forme une écriture de convention.

Mais, sans nous attacher plus longtemps aux appareils à
signaux conventionnels dont le système Morse est, comme
nous l'avons dit, le type le plus parfait, nous allons décrire les appareils qui reproduisent les dépêches en caractères d'imprimerie.

APPAREILS IMPRIMEURS.

L'impression directe est un problème dont on s'est occupé depuis longtemps, car il se présentait naturellement à l'esprit, et il n'offrait pas, au point de vue théorique, de grandes difficultés.

Le mécanisme d'un appareil de ce genre comporte essentiellement :

1° Une roue tournant en face d'une bande de papier et portant en relief tous les caractères de l'alphabet, imprégnés d'encre par le frottement contre un tampon humide;

2° Un marteau qui agisse au moment où la lettre à imprimer a pris la position convenable, et qui presse, soit la roue sur le papier, soit le papier sur la roue.

La roue porte ordinairement le nom de *roue des types* et le marteau celui de *levier imprimeur*.

La roue peut être mise en mouvement à distance par des courants successifs et on peut l'arrêter dans les positions convenables de la même manière qu'on arrête l'aiguille d'un cadran. Quand la roue est arrêtée pour l'impression d'une lettre, il faut qu'un courant différent des autres, soit par sa nature, soit par son intensité, vienne déclancher le levier imprimeur. Les appareils construits d'après ce principe s'appellent *appareils imprimeurs à échappement*.

Il y a une autre solution générale. On peut concevoir deux roues semblables tournant aux deux extrémités d'une ligne, de telle manière que leurs caractères se trouvent toujours semblablement placés. L'office du courant se borne alors à faire marcher le *levier imprimeur* quand la lettre à imprimer a été amenée en face de lui. Les appareils de cette seconde catégorie peuvent être nommés *appareils imprimeurs à mouvement synchronique*.

Dans les uns comme dans les autres, il faut qu'après chaque mouvement du marteau la bande d'impression avance spontanément d'une quantité fixe égale à l'espace qui doit séparer deux lettres: car, si l'on se contentait, comme on le fait d'ordinaire pour les appareils écrivants, de laisser la bande se dérouler d'un mouvement uniforme, les lettres se trouveraient disséminées à des distances variables, suivant la vitesse de la transmission, et l'on n'obtiendrait pas l'aspect régulier que doit présenter l'impression.

Nous examinerons successivement les deux catégories d'appareils imprimeurs. Ceux de la première espèce sont assez simples, au moins en principe; mais ils donnent une transmission assez lente. Les autres permettent une transmission plus rapide, mais la réalisation d'un synchronisme parfait est un problème des plus difficiles.

APPAREILS IMPRIMEURS A ÉCHAPPEMENT.

La figure 22 ci-dessous peut servir à représenter d'une

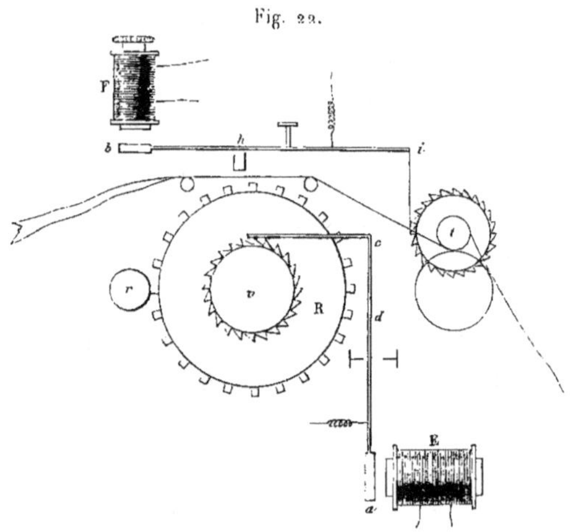

Fig. 22.

manière générale le type des appareils à échappement.
L'électro-aimant E fait tourner la roue à rochet v et la
roue de types R fixée au même axe. Les caractères frottent
en tournant contre un petit tampon r imprégné d'encre.
F est l'électro-aimant imprimeur, h le petit marteau qui
presse le papier contre la roue des types. On voit enfin
en t le mécanisme qui sert à faire avancer le papier d'une
longueur constante pour chaque lettre imprimée. Le papier passe entre deux laminoirs dont l'un tient à une roue
dentée; cette roue, dont le mouvement est commandé par

le cliquet i, avance d'un cran pour chaque oscillation du levier imprimeur.

La figure n'indique, bien entendu, que d'une façon élémentaire le jeu d'un imprimeur à échappement. Dans la pratique, ces dispositions simples sont remplacées par des organes plus compliqués. Ainsi, par exemple, les électro-aimants E et F ne produisent pas directement le mouvement de leurs armatures respectives a et b; les mouvements sont produits d'ordinaire par des mécanismes d'horlogerie, et les électro-aimants n'ont à effectuer que des déclanchements. Nous retrouverons tout à l'heure, en examinant en détail plusieurs appareils, quelques-unes des dispositions que la pratique a substituées aux éléments de la figure ci-contre.

Dans une première série d'appareils, les armatures a et b sont aimantées, et le courant de la ligne traverse à la fois les deux électro-aimants. Tant que le courant a une direction déterminée, tant qu'il est positif par exemple, l'électro-aimant E attire son armature, et la roue des types tourne, l'électro-aimant F restant inactif. Quand on change le sens du courant, l'armature b est seule attirée, la lettre s'imprime et le papier avance.

Un pareil système peut fonctionner avec un manipulateur semblable à celui du cadran ordinaire. Pour éviter une double manœuvre, on dispose les choses de telle sorte que l'émission du courant de sens opposé ait lieu spontanément quand on enfonce la manivelle dans le trou correspondant à la lettre. Les appareils imprimeurs de MM. du Moncel, Mouilleron, Digney, Grimaud, Queval, reposent sur ce principe.

Dans quelques appareils, l'électro-aimant imprimeur est moins sensible que celui qui fait tourner la roue des types. Ce dernier fonctionne seul sous l'influence du courant ordinaire; la manivelle, en s'abaissant, envoie un courant plus intense, qui fait mouvoir le levier imprimeur. M. Siemens a réalisé une disposition analogue en se fondant sur ce fait que la force magnétique met d'autant plus de temps à se développer dans un électro-aimant que celui-ci est plus gros. Il fait passer le courant de la ligne par les deux électro-aimants E et F. Tant que les émissions sont de courte durée, l'électro-aimant E s'aimante et fait tourner la roue des types sans acquérir toute sa force magnétique, car l'échappement n'exige qu'une très-petite force pour fonctionner. Quant à l'électro-aimant F, il est de plus grosse dimension et n'a pas le pouvoir de s'aimanter et d'attirer le marteau, surtout si on rend celui-ci plus sensible en tendant le ressort de rappel. C'est seulement lorsqu'on fait durer l'émission du courant un certain temps que le magnétisme se développe dans l'électro-aimant F et que le marteau est mis en mouvement. Cette méthode est désignée quelquefois sous le nom de méthode de *l'électro-aimant paresseux.*

Les imprimeurs à échappement ne donnent, en général, qu'une transmission assez lente. Cette lenteur est due en partie à la masse de la roue des types qu'il faut mouvoir et au grand nombre d'émissions de courant qui est nécessaire pour passer d'une lettre à une autre. MM. Gaussain et Mouilleron ont essayé d'augmenter la vitesse de transmission en répartissant les caractères sur cinq roues différentes, portant chacune cinq lettres et fixées sur le même arbre [1]. Cet arbre est creux et mobile dans le sens horizontal sur une broche; en le faisant mouvoir d'une longueur déterminée, on amène en face du marteau celle des roues qui contient la lettre à imprimer. C'est au moyen d'émissions de courant dans les deux sens qu'on produit successivement les mouvements nécessaires à l'impression. On commence par une série de courants négatifs qui, au moyen d'un premier électro-aimant, agissent sur l'arbre et amènent en face du marteau la roue convenable. On renverse alors le sens du courant et on agit sur un nouvel électro-aimant qui fait tourner la roue et amène la lettre à imprimer. Cette manœuvre coupe la communication avec le premier électro-aimant et l'établit avec un imprimeur; au moment où la lettre à imprimer est en face du marteau, une nouvelle inversion du courant produit l'impression, fait avancer le papier et ramène les roues à leur position normale. Avec ce système le nombre des émissions de courant nécessaires pour amener une lettre devant le marteau est au plus de dix, tandis qu'il peut être de vingt-six avec la disposition ordinaire. Les lettres les plus usuelles sont d'ailleurs placées sur la première roue.

APPAREIL DUJARDIN.

M. Dujardin a exposé un appareil imprimeur dans le-

---

[1] C'est dans le même ordre d'idées que certains constructeurs emploient deux roues de types, dont l'une porte les lettres, tandis que l'autre porte les chiffres et les signes de ponctuation.

quel il s'est attaché à rendre la roue des types aussi
légère que possible. Il n'emploie plus, à proprement
parler, une roue, mais un léger disque d'aluminium sur
lequel les lettres sont brodées avec du coton. Ce disque,
presque aussi mobile que l'aiguille ordinaire d'un cadran,
tourne horizontalement sous l'action d'un mécanisme d'horlogerie et d'un échappement. Au lieu du marteau ordinaire, M. Dujardin emploie un petit godet placé au-dessus
du disque, et qui, en s'abaissant, sur la lettre l'imprègne
d'encre. Ce mouvement du godet fait d'ailleurs fléchir le
disque et l'appuie contre la bande de papier qui passe au-
dessous; l'envers de la lettre brodée produit ainsi l'impression. Un tour préalable du cadran suffit pour enduire
d'encre toutes les lettres, et la transmission les maintient d'ailleurs dans un état d'humidité convenable. L'é-
chappement qui règle le mouvement du disque est commandé par une armature aimantée mobile entre les deux
pôles d'un électro-aimant; le manipulateur intervertit le
sens du courant pendant que la manivelle passe d'une
lettre à la suivante. Le marteau-godet est mis en mouvement par un électro-aimant spécial qu'aimante le courant
d'une pile locale. M. Dujardin emploie, pour fermer le
courant de cette pile locale, un moyen ingénieux dont nous
aurons occasion de retrouver le principe sous des formes
différentes dans d'autres appareils. Deux petites aiguilles
aimantées très-mobiles sont reliées par les axes qui les
supportent aux deux pôles de la pile locale; elles sont sus-
pendues verticalement près des deux pôles de l'électro-
aimant qui produit l'échappement. Ces deux aiguilles

étant pourvues de la même aimantation, il arrive que,
tant qu'un courant circule dans l'électro-aimant, l'une
d'elles est attirée, l'autre repoussée. Quand le courant
change de sens, les aiguilles changent de mouvement sans
se rejoindre; mais, lorsqu'aucun courant ne passe, c'est-
à-dire lorsque la manivelle du manipulateur est arrêtée
sur une lettre, les deux aiguilles se précipitent sur l'électro-
aimant, se collent sur le fer doux, et le circuit local se
trouve fermé.

Il y aurait encore un grand nombre d'appareils à décrire dans la catégorie des imprimeurs à échappement.
C'est la plus nombreuse, celle où s'est surtout exercé le
travail des inventeurs et des constructeurs. L'idée de l'é-
chappement est en effet des plus simples, et elle se prête,
dans l'exécution, à des mécanismes variés. Quant à l'impression en caractères ordinaires, elle est naturellement le
but de bien des recherches, et elle se présente comme une
des conditions les plus utiles à réaliser dans tout service
télégraphique. L'abondance des imprimeurs à échappement s'explique donc d'elle-même, et elle pourrait donner lieu à de longs développements. Mais nous devons reproduire en ce moment une déclaration générale, qui a
déjà été faite précédemment, et dont le bénéfice doit être
acquis d'ailleurs à toutes les parties de cette notice. Il ne
s'agit point, dans ce travail, de mentionner tous les inventeurs ou constructeurs, mais seulement d'indiquer d'une
façon sommaire le principe des divers appareils et les éléments des divers sujets qui intéressent le service télégraphique.

Pour atteindre ce but, il suffit de choisir quelques types, quelques spécimens qui puissent servir de texte à notre compte rendu. Ce n'est pas à dire que ces types, que ces spécimens soient les plus parfaits, il faut que cela soit entendu une fois pour toutes, mais ce sont ceux qui se prêtent le mieux à une exposition lucide des principes. Si nous revenons avec quelque insistance sur cette déclaration, c'est qu'elle nous paraît essentielle. Elle est de nature à rassurer des intérêts qui pourraient se croire compromis par le silence de cette notice. Elle permet en même temps que ce travail soit maintenu dans les bornes étroites où il est naturel de le limiter.

Ce qui vient d'être dit nous permettra d'abréger l'étude des imprimeurs à échappement. Nous laissons de côté celui que M. Digney a exposé comme une modification de l'appareil Morse; nous laisserons aussi de côté ceux qu'on rencontre dans l'exposition espagnole, et qui sont construits, le premier en vue des longues lignes, le second en vue des lignes de peu d'étendue; nous nous bornerons à décrire l'appareil de M. d'Arlincourt et celui de M. Joly.

APPAREIL D'ARLINCOURT.

La figure 23, ci-contre, représente cet appareil dans ses parties essentielles.

Le manipulateur est un clavier circulaire à vingt-huit touches. Au centre tourne une aiguille indicatrice fixée sur un axe vertical; on l'arrête en abaissant une touche comme dans l'appareil Wheatstone, qui a été décrit plus haut (page 157). Un mouvement d'horlogerie fait tourner

l'axe D, et celui-ci entraîne, au moyen d'une roue d'angle E, l'axe horizontal qui porte la roue des types E'.

Fig. 23.

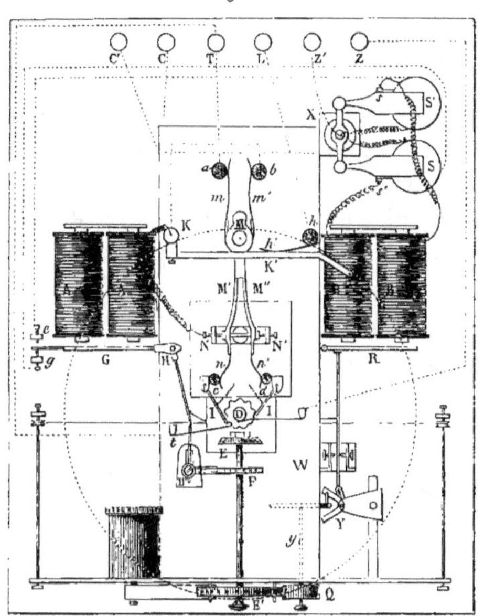

L'appareil d'Arlincourt est disposé pour que la dépêche s'imprime au bureau d'expédition tout comme au
poste qui reçoit. A cet effet, la rotation de l'arbre D fait
passer à la fois un courant sur la ligne et dans l'électro-
aimant AA, qui, au moyen de l'armature G, de la fourchette H et de la roue d'échappement F, règle la rotation
de la roue des types.

Une sorte de commutateur MM'M" sert à distinguer
la position de réception de celle de transmission. Ce com-

mutateur a quatre branches qui s'appuient sur les quatre
bornes *a*, *b*, *c*, *d*, dont la borne *b* est seule métallique
dans toute sa hauteur, tandis que les trois autres, métalliques à leur partie supérieure, sont isolantes à leur partie
inférieure. Lorsque le commutateur est dans sa position
normale, l'appareil est en mesure de recevoir, et le courant de la ligne, pénétrant par *h* et *h'* et le massif NN'.
va traverser l'électro-aimant AA, sort par K et se rend
par *b*, *m'*, *m*, *a*, à la terre. Le mouvement de l'électro-
aimant produit celui de la roue des types, et subséquemment l'impression, comme nous aurons à l'indiquer tout
à l'heure.

Voilà pour la réception. Pour que l'appareil soit en
mesure de transmettre, il faut qu'une pédale M soit
abaissée de manière à intervertir l'ordonnance du commutateur, à isoler le ressort *m*, et à mettre, au contraire, les
ressorts *n* et *n'* en rapport avec les parties métalliques
de *c* et de *d*. Or, par une disposition commune à beaucoup
de systèmes, la pédale M s'abaisse dès que l'on abaisse
une des touches de réception; chacune de ces touches agit
sur un cercle qui produit le mouvement de M. On a soin
d'ailleurs, pour que M conserve la position convenable,
de ne lâcher une des touches de transmission qu'au moment où l'on vient d'abaisser la suivante.

On remarquera que l'électro-aimant AA, qui meut la
roue des types et produit subséquemment l'impression,
doit être mis en action, tantôt par le courant du poste
expéditeur, tantôt par celui du poste récepteur. On conçoit d'ailleurs que, si la même pile servait, sans disposition

spéciale, à envoyer le courant sur la ligne et dans l'é-
lectro-aimant AA, le courant de la ligne se trouverait
sensiblement affaibli. M. D'Arlincourt divise sa pile en
deux parties, dont la première comprend la moitié ou un
tiers seulement du nombre total des éléments. La roue
D, en tournant, envoie sur la ligne le courant de la pile
entière et fait passer seulement en AA le courant de la
première partie. Cette distribution est réglée par les
deux ressorts II, dont chacun presse une petite roue à
treize dents métalliques fixée à l'axe D. Ces deux roues
(non représentées sur la figure) sont solidaires, mais
isolées électriquement l'une de l'autre. Les deux ressorts
touchent à la fois les deux dents métalliques ou se trouvent
à la fois isolés dans deux intervalles vides. Ainsi le courant
passe ou est interrompu, et, dans chacun des cas, l'axe D
tourne d'un vingt-sixième de tour.

L'appareil, comme on l'a vu, sert à la réception ou à
la transmission, suivant que la pédale M est ou non
abaissée. Il faut que le bureau qui transmet puisse être
coupé par le correspondant. Or, si l'on n'a égard qu'aux
organes qui viennent d'être décrits, on verra que le courant venant de la ligne pendant la transmission ne pourrait actionner l'électro-aimant AA, dont il trouverait l'extrémité isolée. Mais une disposition spéciale a été prise
pour parer à cet inconvénient. Sur l'arbre D et entre les
deux roues à treize dents, dont il a été question tout à
l'heure, se trouve une rondelle isolée, communiquant
avec la terre par une lame *t*. Le ressort de gauche I (qui
est en relation avec l'extrémité de AA) touche cette ron-

delle pendant un temps très-court, au moment où il quitte une des dents de la roue pour s'avancer dans l'espace vide qui suit. Ainsi l'électro-aimant se trouve pendant un instant en communication avec la terre, entre deux émissions de courant. C'en est assez pour que le correspondant puisse couper. Il n'a, en effet, qu'à envoyer un courant permanent, qui se manifeste dans l'électro-aimant AA au moment où l'armature G devrait être rappelée par son ressort, et qui arrête ainsi le mouvement.

L'appareil est d'ailleurs muni d'un *rappel à la croix*. Il suffit évidemment, pour revenir à la croix, d'abaisser la touche où ce signe est marqué; mais il faut en même temps couper la communication avec le poste correspondant, pour qu'il puisse agir seul de son côté. C'est ce qu'on fait en abaissant le levier K', qui isole le ressort h', appuyé sur la borne h (mi-partie conductrice et isolante).

Jusqu'ici nous n'avons pas parlé du mécanisme imprimeur.

Le mécanisme lui-même ressemble à tous ceux des appareils analogues. La roue des types E' tourne en frottant contre un tampon qui enduit d'encre les caractères. Quand l'aiguille indicatrice du cadran s'arrête en face d'une lettre, la roue des types s'arrête également et le caractère correspondant se trouve en face d'un marteau. Celui-ci est alors soulevé par un excentrique triangulaire Q qui fait en même temps avancer le papier. L'excentrique Q est calé sur le dernier mobile y d'un mouvement d'horlogerie tout à fait indépendant de celui qui fait mouvoir l'arbre D. Il y a, comme on voit, dans l'appareil, deux mouvements d'horlogerie distincts.

Le mobile y porte une roue d'échappement munie de trois dents qui sont tour à tour arrêtées par une ancre Y. Il exécute donc un tiers de révolution, chaque fois que cette ancre Y est renversée par l'armature R de l'électro-aimant imprimeur BB.

Quant au jeu de cet électro-aimant, il est produit par une pile locale dont le circuit est fermé par l'armature G de l'électro-aimant AA. Tant que cette armature se meut rapidement, c'est-à-dire tant que les aiguilles tournent, les contacts successifs de l'armature G avec ses butoirs g et e ne suffisent pas à fermer le circuit; c'est seulement lorsque les aiguilles s'arrêtent, et que l'armature G presse pendant un instant un de ses butoirs, que l'électro-aimant BB est mis en action.

L'armature G n'agit pas d'ailleurs directement sur l'électro-aimant BB. Il y a un intermédiaire qui constitue un organe assez compliqué : c'est le système des deux petits électro-aimants boiteux S et S'. Les deux bobines S et S' sont isolées l'une de l'autre. Chacune d'elles a une extrémité qui communique à la palette horizontale X, où aboutit le pôle Z' de la pile locale. L'autre pôle C' de cette pile communique avec l'axe H du levier G, et, par conséquent, avec celui des butoirs g et e sur lequel ce levier s'appuie. Au moment de ces contacts, l'une des deux bobines S et S' est donc actionnée. Or les queues des palettes de ces deux petits électro-aimants viennent buter, quand le courant passe, contre la traverse horizontale X reliée au pôle Z'. A l'état de repos, elles s'appuient au contraire contre une traverse semblable, située au-dessous, isolée de la première et reliée au pôle C'. Les deux queues des palettes se trouvent donc dans des positions contraires, chaque fois qu'une des bobines est animée par un courant, et elles servent à fermer le circuit spécial qui traverse l'électro-aimant BB. Ainsi le circuit de la pile locale se ferme une première fois; puis aussitôt on ferme un circuit dérivé qui produit l'impression. Il y a là une disposition qui ne laisse pas d'être assez bizarre, mais dont l'effet concourt au résultat que l'on cherche, c'est-à-dire à empêcher que l'imprimeur ne fonctionne pour les émissions ordinaires du courant. Il est facile de régler l'appareil de telle sorte que, pendant le va-et-vient de l'armature G, les palettes du relais boiteux aient à peine le temps de se mouvoir et qu'aucun courant ne passe dans l'électro-aimant imprimeur.

APPAREIL JOLY.

L'appareil Joly se rapproche beaucoup des cadrans ordinaires. Le manipulateur est un de ces appareils qui sont vulgairement connus sous le nom de *macarons;* le courant est envoyé par une manivelle que l'on arrête dans des crans.

Dans le récepteur, l'aiguille indicatrice et la roue des types sont placées sur le même axe. La roue des types est en avant de l'appareil, l'aiguille indicatrice et son cadran sont à l'arrière; on les voit par réflexion dans un petit miroir grossissant que l'on peut faire tourner à la main

pour lui donner la position la plus convenable. Cette disposition a pour objet d'éviter les roues d'angle, qu'il faudrait employer si l'on voulait que le cadran fût horizontal.
Si on le plaçait verticalement à l'avant de l'appareil, il
masquerait la roue des types. Un mécanisme d'horlogerie
tend à faire tourner l'axe de l'aiguille et de la roue des
types. Le courant agit sur ce mécanisme à la façon ordinaire, au moyen d'une double palette et d'une roue d'é-
chappement.

Le principe de l'impression est celui-ci : tant que la
roue des types tourne avec une cer-
taine vitesse, elle laisse ouvert le circuit d'une pile locale ; quand, au contraire, elle s'arrête un instant, le circuit
se ferme et le marteau d'impression
vient appuyer le papier contre le caractère à imprimer. Le mécanisme au
moyen duquel ce résultat est obtenu
est des plus simples et constitue la
particularité la plus saillante de l'appareil. Il est représenté par la figure
24 ci-contre. Les deux pôles de la
pile locale aboutissent devant une
roue à rochet R, calée sur l'axe de la
roue des types, un peu en arrière de
cette roue. Chacun des pôles aboutit

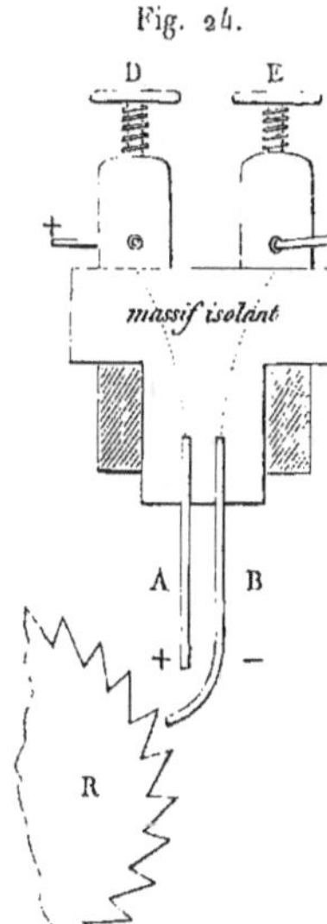

à un ressort ; l'un A est fixe, l'autre B est mobile et recourbé à sa partie inférieure. Quand la roue des types
est au repos, ou quand elle vient à s'arrêter un moment, le

ressort B pénètre dans l'une des entailles de la roue à rochet; il touche alors le ressort A et laisse passer le courant imprimeur. Quand, au contraire, la roue tourne d'une façon continue, le ressort courbe est chassé par une série de petits chocs et le circuit de la pile locale reste ouvert. L'impression est d'ailleurs commandée par un second mécanisme d'horlogerie que le courant local déclanche au moment voulu. La pile locale peut donc être très-faible; elle ne se compose que de deux ou trois éléments Daniell.

On remarquera, d'après les indications qui viennent d'être données, qu'à l'état de repos complet de la roue des types le ressort courbe occupe la position qui ferme le circuit local. Le courant passerait donc pendant tout le temps que l'appareil ne fonctionne pas, ce qui serait une disposition vicieuse. Pour éviter cet inconvénient, M. Joly charge la manivelle du manipulateur de couper le circuit local, quand elle est arrêtée à l'état de repos absolu, c'est-à-dire à la *croix*. Elle entre alors profondément dans le cran de la croix, et presse un ressort qui rompt la communication. Veut-on se préparer à recevoir l'impression, on soulève légèrement la manivelle, qui laisse le ressort libre; le courant local est ainsi amorcé et l'électro-aimant de l'impression peut fonctionner.

L'appareil présente encore une disposition particulière en ce qui concerne l'impression des chiffres et signes de ponctuation. La roue des types porte deux rangées de caractères sur deux surfaces cylindriques de même diamètre; sur l'une sont les lettres, sur l'autre les chiffres et signes divers. La roue reste d'ailleurs calée sur son axe. Ce sont le papier et le marteau qui se déplacent et viennent se mettre, suivant le besoin, sous l'une ou l'autre rangée de caractères. Ce déplacement est produit par une inversion du courant. En face de l'électro-aimant ordinaire (celui qui commande le mouvement de l'aiguille), se trouve une petite armature aimantée par l'influence d'un aimant permanent. Cette armature en forme d'Y peut osciller autour de sa base, et s'appuyer par l'une ou l'autre de ses branches supérieures sur l'un ou l'autre des deux noyaux de l'électro-aimant. Elle forme ainsi une sorte de commutateur magnétique. On conçoit comment l'inversion du courant produit dans cet Y un mouvement de bascule; la pile du poste récepteur est alors mise en communication avec un électro-aimant spécial, qui déplace le marteau et le papier. Quant à l'inversion du courant, elle se produit au poste de départ, à l'aide d'une petite manette placée près du manipulateur.

On voit, d'après ce qui précède, que l'appareil Joly produit, à l'arrivée, le mouvement d'une aiguille sur un cadran et l'impression sur une bande; il y a donc, en quelque sorte, double production de signaux. Au départ, le poste d'expédition produit les mêmes effets sur son propre récepteur; l'aiguille se meut également sur son cadran et la dépêche s'imprime sur une bande. Le premier de ces effets se produit mécaniquement; le mouvement de l'axe qui porte l'aiguille est commandé directement par la rotation de la manivelle. La godille du manipulateur est munie d'un petit levier additionnel, qui vient, à chaque

battement, heurter l'armature ordinaire du récepteur.
Quant à l'impression, elle a lieu naturellement par l'arrêt
de l'axe, comme il a été dit tout à l'heure. Il est d'ailleurs
facile de paralyser le mécanisme de l'impression, de manière à faire fonctionner l'appareil comme un cadran ordinaire. On a vu, en effet, que le cran de la *croix* est muni
d'un ressort qui coupe, lorsqu'il est pressé, le circuit imprimeur. C'est ce que fait la manivelle quand on l'engage
à fond dans le cran de repos, pour laisser l'appareil inactif.
On peut aussi agir à la main sur le ressort et l'arrêter dans
une position où le circuit local soit coupé pendant que
l'appareil travaille. Cela peut se faire, soit au départ, soit
à l'arrivée, soit dans les deux bureaux.

En somme, l'appareil Joly est fort simple et paraît
donner de bons résultats.

APPAREILS IMPRIMEURS

À MOUVEMENTS SYNCHRONIQUES.

Le défaut commun à tous les imprimeurs à échappement, c'est qu'ils demandent un grand nombre d'émissions de courant pour produire une seule lettre. Les uns exigent treize émissions, les autres même vingt-six, pour faire faire un seul tour à la roue des types.

On a vu qu'il y a une seconde catégorie d'appareils imprimeurs, dans lesquels les roues des types ont, aux deux extrémités de la ligne, un mouvement synchronique de rotation qui n'est pas produit par des émissions de courant. Le courant intervient seulement pour produire l'impression, au moment précis où la lettre à imprimer occupe la position convenable.

Dans les premiers appareils de cette espèce construits en Amérique, les roues des types n'avaient pas un mouvement continu; un premier courant produisait un embrayage, et elles tournaient alors aux deux extrémités de la ligne d'un angle égal, jusqu'au moment où l'impression se faisait.

Maintenant, au contraire, on donne aux roues des types un mouvement continu. Mais le synchronisme constitue une des plus grosses difficultés que l'on puisse rencontrer dans la construction des appareils, et il faut des dispositions spéciales pour le maintenir.

MM. Digney ont exposé, au nom de M. Desgoffe, un appareil dans lequel le synchronisme est maintenu par le

courant même qui sert à mouvoir le levier imprimeur.
Mais l'attention se porte tout naturellement sur l'appareil
de M. Hughes, qui a obtenu un des grands prix décernés
par le jury international, et qui constitue ainsi la pièce
capitale de l'exposition télégraphique. Il importe donc
qu'il soit décrit ici avec quelques développements.

APPAREIL HUGHES.

L'appareil Hughes a été apporté d'Amérique vers
l'année 1860, mais il était loin d'avoir alors la perfec-
tion qu'il a acquise depuis. Il fut adopté par l'administration française, qui avait compris tout ce qu'on pouvait
tirer de cet ingénieux mécanisme. Pendant plusieurs années, l'administration française, guidant l'inventeur, l'a-
mena à réaliser dans la construction de son appareil une
série de perfectionnements successifs et à en faire un vé-
ritable chef-d'œuvre de mécanique.

Les deux figures 25 et 26 représentent, la première
une perspective, la seconde une projection horizontale de
l'appareil.

L'appareil comporte, comme on voit, un clavier dont les
touches, portant les lettres de l'alphabet, correspondent
à des goujons disposés circulairement sous le disque N.
Un poids attaché à la roue Z sert de moteur et transmet
le mouvement par les mobiles 1 et 3 à trois axes distincts.

Sur l'un de ces axes est fixée la roue des types H.

Le second axe, qui constitue le manipulateur, est vertical et porte un levier horizontal ou *chariot g*, qui se

meut avec la même vitesse angulaire que la roue des types
au-dessus du disque N. Ce disque est percé de trous à

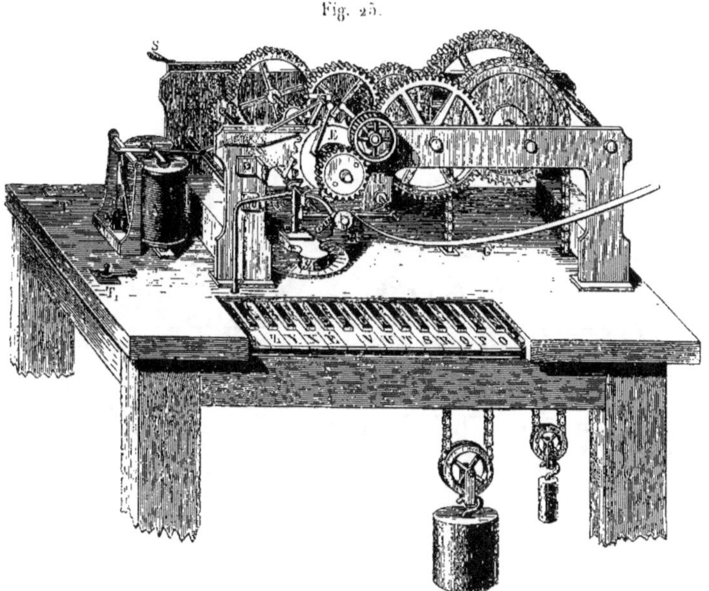

Fig. 25.

travers lesquels passent les goujons qui sont en relation
avec le clavier. Ces goujons sont reliés au pôle de la pile
et le chariot au fil de la ligne. Quand on abaisse une
touche, le goujon correspondant se soulève et, au moment
où il est rencontré par le chariot, envoie un courant au
poste correspondant.

Le troisième axe qui reçoit son mouvement de la roue Z
est l'axe P, destiné à produire l'impression; il n'est mis en
mouvement qu'au moment où le courant traverse l'électro-

aimant. Il porte des cames, dont l'une soulève un petit
marteau cylindrique et l'applique contre la roue des types.

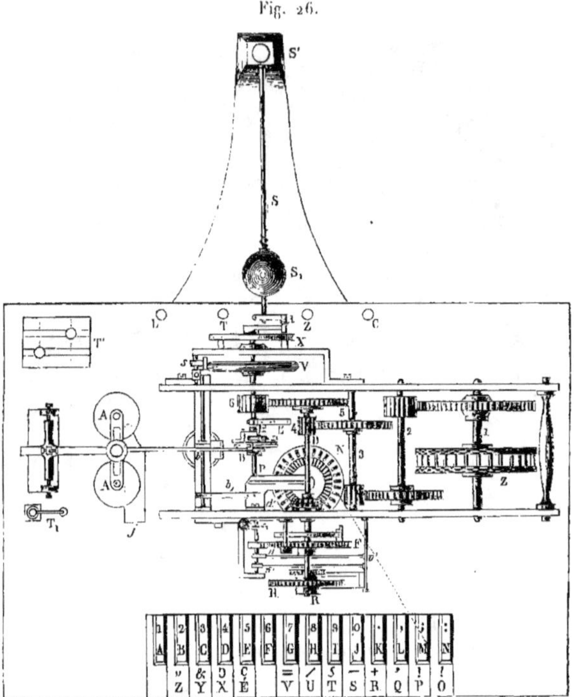

Fig. 26.

Le mouvement du marteau imprimeur, étant intermittent,
devrait troubler ceux de la roue des types et du chariot;
mais cet effet est évité par l'addition d'un volant V, qui
emmagasine la force vive, et d'un régulateur à lame vibrante SS', sur lequel nous aurons occasion de revenir.

L'impression a lieu d'ailleurs au point de départ comme
au point d'arrivée, de telle sorte que les deux appareils
restent toujours dans les mêmes conditions mécaniques.

Mais il faut, comme il a été dit précédemment, des
dispositions spéciales pour que le synchronisme puisse être
maintenu entre les mouvements des deux roues des types;
car de très-légères différences accumulées à chaque tour
finiraient par produire un désaccord. Pour éviter cet inconvénient, la roue des types n'est pas calée sur son axe,
elle peut se déplacer sur elle-même au moment où l'axe
imprimeur soulève le marteau. Une came spéciale s'engage entre les dents d'une roue F. dite roue *correctrice*,
qui tient à la roue des types, et fait avancer ou reculer
cette dernière, sans rompre sa liaison avec le rouage moteur, de façon à placer le caractère juste en face du marteau. La concordance entre les deux appareils se trouve
ainsi rétablie à chaque impression, pourvu que l'écart ne
dépasse pas la moitié de l'espace qui sépare deux lettres.

Les deux appareils tournant synchroniquement, il peut
arriver telle circonstance accidentelle qui rompe l'accord.
Il importe qu'on puisse le rétablir sans arrêter le moteur
aux deux stations, car le mouvement n'est régulier et
uniforme qu'au bout de quelques instants. Pour obtenir
ce résultat, la roue des types peut être arrêtée isolément
dans une position fixe, au moment où le caractère qui
correspond au *blanc* se trouve au-dessus du marteau; le
premier courant qui arrive alors dans l'électro-aimant
met la roue en prise avec le moteur. On a soin de commencer chaque transmission par l'abaissement de la touche

du *blanc*; les roues des deux stations se trouvent alors partir du même point.

L'électro-aimant AA, qu'emploie M. Hughes, diffère sensiblement des électro-aimants ordinaires. M. Hughes se sert d'un aimant permanent en fer à cheval, dont chaque branche est surmontée d'un cylindre de fer doux entouré de fil recouvert; à la partie supérieure de ce système vient s'appliquer une petite armature de fer doux *a*, qu'un ressort de rappel *a'* tend à relever. Lorsque aucun courant ne passe dans les bobines, l'armature est maintenue abaissée par le magnétisme dû à l'aimant permanent; mais, si un courant traverse le fil des bobines, de manière à y développer une aimantation contraire à celle de l'aimant, l'armature *a* devient libre, et, obéissant à son ressort *a'*, vient soulever le levier *b*B, et faire ainsi agir le mécanisme imprimeur.

M. Hughes trouve les avantages suivants dans cette disposition. Le mouvement de l'armature est indépendant de la force et de la durée du courant. Dès que l'attraction magnétique est vaincue, l'armature se détache et n'obéit plus qu'à la tension de son ressort, qui est une force constante; de plus, il est facile d'établir entre cette tension et l'attraction magnétique un rapport tel, que le plus faible courant arrive à détacher l'armature. L'appareil acquiert ainsi une sensibilité extrême, et peut être mis en action par de très-faibles courants.

On remarquera d'ailleurs qu'aussitôt que l'armature *a* s'est soulevée jusqu'à son butoir, il devient inutile que le courant continue à passer dans les bobines; il est même utile qu'il n'y passe plus, pour que ses variations ne troublent plus la régularité de l'action magnétique; aussi le contact de l'armature avec son butoir a-t-il pour effet d'établir une dérivation de résistance nulle qui supprime le passage du courant dans les bobines.

Malgré cette précaution, le magnétisme pourrait n'être pas assez fort pour ramener l'armature au contact, car celle-ci, à l'extrémité de son mouvement, se trouve éloignée des pôles; aussi est-ce le levier bB, qui est chargé, après avoir dégagé l'axe imprimeur, de revenir appuyer sur l'armature et de la remettre dans sa position primitive.

L'électro-aimant AA, tel que nous venons de le décrire, ne fonctionne que quand le courant a un sens déterminé tendant à diminuer l'action magnétique de l'aimant; l'impression se faisant d'ailleurs simultanément aux deux postes, il faut que le courant parcoure la ligne dans le même sens, quel que soit le poste d'où part la transmission. Si l'un des postes emploie son pôle positif, il faut que l'autre emploie le pôle contraire. Le commutateur T' permet de changer facilement les communications pour obtenir ce résultat.

Les principaux organes de l'appareil Hughes ainsi décrits, on peut en concevoir le jeu d'une manière générale. On voit comment deux chariots se meuvent synchroniquement aux deux stations; on comprend comment une touche abaissée au départ peut soulever un goujon, envoyer un courant sur la ligne et produire l'impression à l'arrivée. Mais, avant d'examiner de plus près le détail de

la transmission et de la réception, il convient, en raison
de l'importance toute spéciale du sujet, que nous donnions
encore quelques indications sur certaines pièces de l'appareil.

La figure 27 fait voir la disposition du manipulateur E

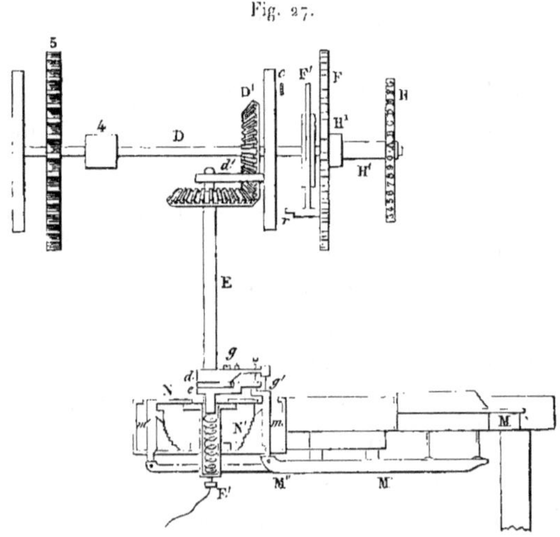

Fig. 27.

et aussi celle des pièces fixées sur l'axe D de la roue des
types ; on sait que ces deux axes sont animés d'un même
mouvement angulaire, au moyen de l'engrenage D'.

Examinons d'abord le manipulateur, c'est-à-dire la
partie inférieure de la figure. L'arbre E est divisé en
deux parties isolées l'une de l'autre par un disque d'i-
voire d. Le haut communique avec la ligne, le bas communique en E' avec la terre ; un gros ressort à boudin tend à

soulever l'arbre contre un butoir supérieur, tout en lui
laissant assez de jeu pour tourner librement. A l'arbre E
est fixé un bras horizontal représenté par les pièces d, g, g'
et e, isolées l'une de l'autre et dont l'ensemble constitue le
chariot. A l'état normal, la pièce gg' appuie par une
petite vis sur la partie e, et le courant venant de la ligne
peut passer à la terre après avoir traversé l'électro-aimant; mais, si, en abaissant la touche M, on soulève le
goujon m, les deux parties de l'arbre cessent de com-
muniquer métalliquement et le courant de la pile est
aussitôt envoyé sur la ligne. Le chariot joue ainsi le rôle
d'un manipulateur ordinaire établissant la communication de la ligne tantôt avec la terre et tantôt avec la pile;
un ressort à boudin ramène le goujon à sa position ini-
tiale, quand la touche M s'abaisse. Il importe cependant
que ce goujon reste soulevé pendant tout le temps que
la pièce de contact g' passe au-dessus de lui, alors même
que l'opérateur aurait lâché trop tôt la touche du manipulateur; cet effet est obtenu au moyen d'un appendice
que porte l'extrémité périphérique du chariot et qui vient
s'engager dans une échancrure ménagée à la tête du goujon; celui-ci ne peut ainsi descendre qu'après le passage
du chariot. La durée du contact reste donc constante;
elle dépend seulement de la largeur de la pièce g' et de
la vitesse de rotation de l'arbre E.

La partie supérieure de la figure 27 montre l'axe de
la roue des types; cet axe se compose de deux parties indépendantes l'une de l'autre et qui peuvent être rendues
solidaires par un organe spécial. La première partie D

porte le pignon 4 par lequel elle reçoit d'une façon continue le mouvement du moteur, la roue 5 par laquelle elle
met en mouvement l'axe imprimeur, la roue D′ qui commande la rotation du chariot, et enfin une roue fixe F′,
munie de 200 dents environ, et qui sert à établir la liaison
avec la seconde partie de l'axe. Cette seconde partie se
compose d'un tambour creux H′, de la *roue correctrice* F et
de la roue des types H. Les deux parties, comme il vient
d'être dit, sont liées au moyen de la roue F′, dont plusieurs dents viennent s'engager entre celles d'un cliquet
fixé à la roue correctrice. Il suffit donc d'agir sur le cliquet, de l'éloigner de sa roue, pour que la roue des types
cesse de participer au mouvement de l'axe D. Cette roue
est d'ailleurs calée de manière à s'arrêter toujours, dans
ce cas, à la même position; c'est la position normale de
l'appareil; l'espace *blanc* se trouve alors en face du marteau. Il suffit ensuite de pousser le cliquet contre sa roue
pour mettre la roue des types en mouvement. Cet embrayage peut être produit à la main, mais il est produit
automatiquement par le premier courant qui traverse
l'appareil.

L'arbre imprimeur P (fig. 26) est également formé de
deux parties dont l'une reçoit un mouvement continu et
très-rapide par le pignon 6, et dont l'autre (la partie
antérieure) est rendue, seulement à certain moment, soli-
daire de la première, au moyen d'une roue dentée et
d'un cliquet. Le mécanisme de cette jonction n'est pas
précisément le même que celui qui vient d'être décrit,
mais il produit un résultat analogue. C'est le levier bB,

commandé par l'électro-aimant AA, qui est chargé, chaque
fois qu'un courant arrive, de déterminer l'embrayage qui
fait exécuter un seul tour à la partie antérieure de l'axe P.
Pendant cette révolution, l'axe produit l'impression et
ramène le levier *b*B à la position normale qu'il doit occuper, comme nous l'avons vu quand nous avons expliqué
le jeu de l'électro-aimant.

Les fonctions de l'axe imprimeur sont d'ailleurs multiples, et il les remplit au moyen de cames de formes diverses ; aussi le désigne-t-on quelquefois sous le nom d'*arbre
des cames*.

Deux de ces cames servent à soulever le marteau imprimeur et à faire avancer le papier par un mécanisme
facile à imaginer ; la troisième sert à opérer, quand il en
est besoin, l'embrayage de la roue des types qui doit,
ainsi que nous l'avons vu tout à l'heure, toujours être
produit par chaque émission de courant. La quatrième
enfin opère la *correction*, qui constitue une des fonctions
les plus importantes et les plus originales de l'appareil
Hughes. Cette *came correctrice*, à chaque révolution de
l'axe P, ramène rigoureusement la roue des types à la
place qu'elle doit occuper et annule l'avance ou le retard
qu'a pu lui donner un léger défaut de synchronisme dans
la marche du système. Pour produire cet effet, elle n'agit
pas directement sur la roue des types, mais bien sur la
roue F (roue correctrice) qui porte autant de dents qu'il
y a de caractères sur la roue des types, et qui est invariablement fixée à celle-ci. A chaque tour de l'axe P, la
came s'engage entre deux dents de la roue F et en ré-

tablit la position au moyen du jeu qui a été ménagé à la roue F′ à dents fines. Si, en pénétrant entre deux dents, la came tend à pousser la roue F, c'est-à-dire à accélérer le mouvement, le cliquet de la roue F′ glisse et avance un peu; si, au contraire, la came tend à faire tourner en arrière la roue correctrice, comme le cliquet ne pourrait reculer sans briser les dents, c'est la roue dentée F′ elle-même qui recule. Cette roue n'est pas calée directement sur l'arbre moteur; elle est formée d'un disque annulaire denté sur sa circonférence et retenu entre deux plaques fortement serrées. Deux lanières de cuir interposées établissent une bonne adhérence et permettent cependant au disque de tourner un peu sur lui-même. Le cliquet peut donc ainsi faire reculer un peu la roue sans en rompre la liaison avec le moteur. Ces mouvements, celui de la roue correctrice en avant, surtout celui du disque annulaire en arrière, exigent une assez grande force et produisent dans l'appareil des soubresauts qu'on cherche naturellement à éviter en rendant le synchronisme aussi parfait que possible. La came correctrice éprouve d'ailleurs une grande fatigue et s'use assez rapidement, bien qu'on la fasse en acier trempé. Les constructeurs prennent donc les dispositions nécessaires pour que cette came forme une pièce spéciale qu'il soit facile de remplacer.

Il ne nous reste que quelques mots à dire sur le moteur lui-même et le régulateur. Le moteur a besoin d'être très-puissant pour donner à l'appareil une grande vitesse de rotation en même temps qu'une grande régularité malgré le jeu intermittent de l'axe imprimeur; aussi les cons-

tructeurs ont pensé jusqu'ici qu'un ressort ordinaire serait
insuffisant pour animer le mouvement d'horlogerie. Ils se
servent d'un poids de 5o à 6o kilogrammes, suspendu à
la roue Z, et qui emploie environ six minutes à opérer
une descente de $1^m,10$, limite ordinaire de la course. En
arrivant près de l'extrémité de cette course, le poids rencontre un butoir et fait mouvoir un timbre qui avertit
l'opérateur; on remonte l'appareil au moyen d'une pédale.
La roue Z communique le mouvement à tout le système
par les roues et les pignons 1, 2, 3, 4, 5 et 6. Le dernier
arbre, l'axe imprimeur, qui tourne avec une vitesse d'environ 7oo tours par minute, porte un volant V qui ré-
gularise le mouvement, et sur lequel on peut agir en
abaissant un petit levier S (fig. 25). C'est ainsi qu'on
arrête l'appareil. Mais ce n'est point au moyen du volant
qu'on peut modifier la vitesse de manière à établir le synchronisme nécessaire. Cet effet s'obtient à l'aide d'un régulateur SS' (fig. 26).

Dans ses premiers appareils M. Hughes employait pour
régulateur une lame vibrante fixée verticalement au sommet d'une ancre d'échappement. La roue des types faisait
osciller cette ancre et vibrer la lame. Les vibrations d'une
lame élastique étant isochrones, on obtenait ainsi un mouvement parfaitement régulier, qu'on pouvait accélérer ou
ralentir en faisant mouvoir un petit curseur le long de
la lame vibrante. Mais ces lames, outre qu'elles produi-
saient un bruit strident très-gênant dans le service, avaient
l'inconvénient de se briser fréquemment. Elles se cassaient
par suite de la variation brusque qu'éprouvait l'amplitude

des oscillations au moment où l'axe imprimeur, en exécutant sa révolution, absorbait une partie de la force vive. Dans les nouveaux appareils, le régulateur est encore une lame vibrante, mais elle est horizontale et encastrée en un point fixe S'. Elle prend une vibration circulaire grâce à l'articulation t et à la boule S_1, sur laquelle agit la force centrifuge. Cette boule peut être rapprochée ou écartée du point d'encastrement, de manière à modifier la vitesse de rotation. Le jeu des bras articulés en t fait d'ailleurs presser contre l'anneau X un ressort qui rend moins brusques les variations d'amplitude dans l'oscillation, et qui empêche le bris de la lame; cette modification a constitué dans la pratique un sérieux perfectionnement.

Les indications qui viennent d'être données suffisent, à la rigueur, pour que l'on conçoive la manière dont la transmission doit s'effectuer et se régler entre deux postes correspondants. Toutefois il ne sera pas inutile de donner, à cet égard, quelques renseignements complémentaires, pour que l'on comprenne mieux le jeu d'un appareil qui occupe maintenant dans le service télégraphique un rang si important. Supposons deux appareils installés l'un à Paris et l'autre à Lyon; les poids sont remontés, les deux chariots tournent de part et d'autre d'un mouvement uniforme. Admettons que l'on soit parvenu à obtenir un synchronisme suffisant; nous indiquerons dans un instant comment on y arrive. A Lyon comme à Paris, on a arrêté la roue des types en abaissant la pédale K; l'espace blanc se trouve au-dessus du marteau; la partie pleine de l'axe D tourne seule. Quant à l'axe imprimeur, la partie antérieure qui porte les cames est immobile; l'autre partie (avec le volant et le régulateur) tourne rapidement.

Tel est l'état des choses aux deux extrémités de la ligne. Si l'employé de Paris veut transmettre, il appuie sur la touche du *blanc;* au moment où son chariot arrive sur le goujon correspondant, le courant passe à la fois dans l'électro-aimant de Paris et dans celui de Lyon. A Paris le levier bB bascule et l'axe imprimeur exécute une révolution rapide; le marteau vient toucher la roue des types, mais le papier ne reçoit aucune impression, puisqu'à ce moment l'espace vide se trouve au-dessus de lui, il avance seulement d'une petite quantité. La révolution de l'axe imprimeur opère en même temps l'embrayage de la roue des types; celle-ci commence donc à tourner, et son mouvement persiste tant qu'on ne vient pas l'arrêter à la main à l'aide de la pédale K. L'axe imprimeur, au contraire, à la fin de sa révolution, se trouve séparé du moteur et devient immobile. A Lyon cette première émission de courant produit des résultats analogues et met en mouvement la roue des types. On remarquera seulement qu'à Paris l'accord se trouve établi entre le chariot et la roue des types; à Lyon, la roue des types est bien d'accord avec le chariot de Paris, mais elle reste encore en désaccord avec son propre chariot [1].

[1] On remarquera que cet accord n'est pas utile tant que Lyon n'a pas à transmettre. Dès qu'il voudra transmettre, il arrêtera la roue des types, et le premier courant qu'il enverra en abaissant la touche du blanc établira l'accord.

Si, à ce moment, Paris abaisse une seconde touche, celle
par exemple qui correspond à la lettre P, l'impression se
produit à la fois dans les deux appareils, et ainsi de suite.
Pour séparer les mots, on abaisse la première touche
(blanc) qui fait avancer le papier sans produire d'impression.

Nous disons que, si l'on abaisse la touche P, la lettre
correspondante s'imprime à Paris et à Lyon. Il n'y a pas
de difficulté, si les mouvements des deux appareils sont
parfaitement synchroniques. S'il y a entre ces mouvements
une légère différence, la came correctrice agit à Lyon
pour amener rigoureusement la lettre P en face du marteau. Mais, si la différence était telle, qu'en passant du
blanc au P la roue de Lyon eût avancé ou retardé de
plus d'un demi-intervalle de lettre ($\frac{1}{56}$ de tour), ce ne
serait plus un P qui serait amené en face du marteau, ce
serait un Q ou un O. Il faudrait alors régler l'appareil.

Supposons que Paris continue à transmettre à Lyon
et voyons quelle vitesse il peut atteindre. Il faut remarquer que, lorsqu'un courant traverse l'électro-aimant pendant que l'arbre des cames est en mouvement, il ne peut
produire aucun effet; les courants doivent donc se suc-
céder à un intervalle au moins égal à celui de la durée
d'une révolution entière de l'axe imprimeur. Dans les
appareils tels qu'on les construit actuellement, le chariot et la roue des types font environ le $\frac{1}{7}$ d'un tour
pendant que l'axe imprimeur en fait un. Il faut donc que
les touches qu'on abaisse successivement soient séparées
par un intervalle de quatre touches au moins. Si, après

avoir transmis un A, on abaissait tout de suite l'une des
touches B, C, D, E, les lettres correspondantes ne s'im-
primeraient pas. La première lettre qu'on puisse transmettre dans le même tour de chariot, après A, est F, après
F, K, et ainsi de suite. Si l'on a à transmettre un C, par
exemple, après un A, il faut laisser faire dans l'intervalle
un tour complet au chariot. Il y a ainsi dans la pratique
une habitude de manipulation à prendre. D'un côté, il
ne faut pas transmettre dans un même tour des lettres
incompatibles; d'autre part, il faut éviter de laisser faire
au chariot des tours inutiles. Car, si deux ou plusieurs
tours sont faits sans qu'une touche soit abaissée, les erreurs de synchronisme s'ajoutent: la came correctrice
éprouve une plus grande résistance et produit des se-
cousses nuisibles; les écarts peuvent même, en s'ajoutant,
détruire l'accord des lettres, ou, comme on dit, faire dé-
railler l'appareil. C'est pour la même raison que, lorsque
la transmission doit être suspendue pendant quelques
instants pour une cause quelconque, on ne laisse pas le
chariot tourner à vide; on a soin d'abaisser à chaque tour
la touche du blanc. On fait ainsi agir incessamment la
roue correctrice et on ne laisse pas les écarts s'accumuler.
Faute de cette précaution, il faut arrêter les deux roues
des types pour rétablir l'accord avant de reprendre la
transmission, ce qui amène un retard.

En ayant égard à ces indications et en supposant que le
chariot ait une vitesse de cent vingt tours par minute, on
trouve que l'appareil Hughes arrive à transmettre nor-
malement trente-deux mots à la minute. Cette vitesse peut

être dépassée d'un bon tiers. Il faut remarquer, d'ailleurs, que l'appareil Hughes ne peut pas, comme beaucoup d'autres, être mené lentement; car la vitesse acquise joue un rôle dans les fonctions de l'axe imprimeur; le chariot ne pourrait pas faire moins de quarante tours par minute.

Nous avons admis tout à l'heure, en parlant d'une transmission entre Paris et Lyon, que les deux appareils se trouvaient réglés, au début, de manière à marcher à peu près synchroniquement. Il nous reste à dire comment ce réglage s'opère. On le fait par un tâtonnement qui ne présente aucune difficulté. Paris, après avoir donné à son chariot une vitesse convenable (cent vingt tours à la minute, par exemple), transmet une lettre qu'il répète à chaque tour. Si la même lettre se reproduit constamment à Lyon, on en conclut que la différence des deux mouvements ne dépasse pas un demi-intervalle de lettres, soit $\frac{1}{56}$ de tour. Si, au contraire, l'employé de Lyon reçoit sur la bande des lettres différentes, il agit sur le régulateur S'SS₁ en éloignant ou rapprochant la boule du point d'encastrement. Il arrive facilement au point où la même lettre se reproduit constamment. Dans ces conditions, le synchronisme est suffisant, à la condition que le chariot n'exécute jamais plus d'un tour sans correction. Il est naturel de désirer un synchronisme plus parfait; car, sans parler même des inadvertances possibles, le passage du D à l'A, par exemple, nécessite plus d'un tour de chariot. On recommence donc le réglage en n'envoyant qu'un courant pour deux tours de chariot et on le perfectionne en envoyant un courant pour trois tours. On pourrait aller plus loin, mais on s'arrête ordinairement à ce point dans la pratique.

Jusqu'ici nous n'avons parlé que de la transmission des lettres, mais l'appareil Hughes imprime aussi les chiffres et un certain nombre de signes conventionnels comme les signes de ponctuation. M. Hughes est arrivé à ce résultat par une disposition ingénieuse, sans porter au delà de vingt-huit le nombre des touches de l'appareil. Le nombre des dents de la roue correctrice reste également fixé à vingt-huit. Mais la roue des types est partagée en cinquante-six divisions; celles de rang pair portent les lettres, celles de rang impair portent les chiffres et les signes divers qui sont inscrits sur le clavier (fig. 26). Ainsi, à côté de chacune des lettres, est placé sur la roue le chiffre ou le caractère inscrit sur la même touche du clavier.

La roue, dans son jeu ordinaire, tourne toujours par fraction de $\frac{1}{28}$ de tour, et ainsi une lettre succède à une lettre; mais, à certains moments, on peut, par une manœuvre spéciale, la déplacer de $\frac{1}{56}$ de tour; on passe alors à la série des chiffres et des signes, et, tant qu'on y reste, ce sont les chiffres et les signes qui viennent se placer en face du marteau. Une manœuvre analogue permet de revenir à la série des lettres.

Le clavier porte deux touches blanches (voir fig. 26.) C'est en abaissant l'une d'elles (*blanc des chiffres*) qu'on passe à l'impression de la seconde série; c'est en abaissant l'autre (*blanc des lettres*) que l'on revient à l'impres-

sion des lettres. Les constructeurs obtiennent cet effet en
ne liant pas invariablement la roue des types H à la roue
correctrice F (voir fig. 28), mais en lui permettant de

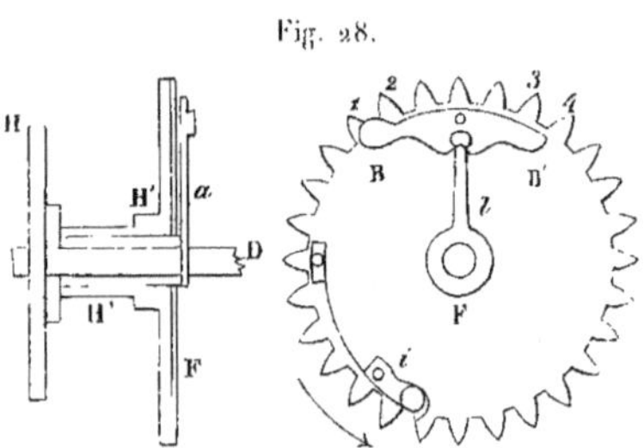

Fig. 28.

prendre par rapport à celle-ci deux positions. Le mécanisme diffère un peu suivant les constructeurs. Dans les
appareils construits par M. Dumoulin-Froment, la roue H,
au lieu d'être calée sur l'axe creux H', est fixée à un manchon qui enveloppe l'axe plein. Ce manchon est entouré
par le cylindre creux fixé à la roue correctrice F. Il traverse d'ailleurs cette roue correctrice et se termine par
un bras vertical engagé dans l'ancre BB'. C'est le déplacement de cette ancre qui fait tourner la roue des types
de $\frac{1}{56}$ de tour, et cette ancre elle-même est déplacée quand
il le faut par la came correctrice qui pénètre soit entre
les dents 1 et 2, soit entre les dents 3 et 4, suivant qu'on
abaisse le blanc des lettres ou le blanc des chiffres.

L'appareil Hughes exposé au Champ de Mars par
M. Dumoulin-Froment présente encore une particularité
spéciale. Destiné à la Russie, il est disposé de manière à
imprimer à volonté des caractères français ou des carac-

tères russes en même temps que des chiffres et des signes conventionnels. Mais les lettres de l'alphabet russe sont plus nombreuses que les lettres de l'alphabet français, et cela constitue une difficulté spéciale, puisqu'il faut se servir du même clavier. L'appareil dont nous parlons est muni de deux roues des types ayant chacune cinquante-six divisions montées sur le même axe. L'une porte les caractères français, les chiffres et les signes, comme il a été dit tout à l'heure. L'autre porte les caractères russes avec les séries complémentaires; mais, en raison du nombre excédant des lettres, quelques-unes d'entre elles ont dû être gravées dans la série des chiffres. On déplace à la main la roue des types suivant qu'on veut transmettre en langue française ou en langue russe; mais, quand on se sert de la roue propre à l'alphabet russe, certaines lettres sont fournies, comme nous venons de le dire, par la série des lettres, et certaines autres par la série des chiffres. Il y avait là un élément de perturbation qu'il importait de faire disparaître; car le passage d'une série à l'autre produit un déplacement spécial du papier; des blancs auraient ainsi été produits au milieu de certains mots. M. Hughes a remédié à cet inconvénient au moyen d'une disposition qui empêche le papier de se déplacer, dans le cas spécial où l'on ne passe d'une série à l'autre que pour continuer l'impression des lettres.

Les développements dans lesquels nous sommes entrés au sujet du télégraphe de M. Hughes sont justifiés par l'importance de cet appareil. L'administration française en tire un très-heureux parti, et, à l'exemple de celle-ci, plusieurs autres administrations européennes l'ont mis successivement en usage.

On livre au public les bandes mêmes sur lesquelles a eu lieu l'impression. Ces bandes sont coupées en fragments de longueur convenable et collées sur une feuille de papier. On s'est souvent proposé de modifier un peu l'appareil de manière à obtenir directement l'impression en lignes superposées sur une même feuille. On a proposé par exemple un chariot qui se déplacerait en portant la feuille; arrivé à l'extrémité de la ligne, le chariot dégagerait un encliquetage et viendrait, sous l'action d'un contrepoids, se placer dans la position convenable pour l'impression de la ligne suivante. On a proposé aussi d'enrouler la feuille sur un cylindre qui tournerait en face du marteau de façon que la dépêche s'imprimât en hélice; la dépêche finie on redresserait la feuille sur laquelle on aurait une impression en lignes parallèles. Ces divers procédés ont été écartés parce qu'ils compliquent trop le mécanisme imprimeur. Il y a d'ailleurs quelque intérêt à se servir d'une bande qu'on découpe pour la coller en fragments sur une feuille de papier ordinaire : on peut ainsi supprimer les parties inutiles de la transmission, telles que les répétitions nécessitées par des erreurs ou les demandes de renseignements.

L'appareil Hughes présente tous les avantages qui sont communs aux systèmes à impression, mais il réalise des conditions de vitesse qui n'appartiennent qu'à lui. Sur les lignes de 400 ou 500 kilomètres, il se prête à une transmission moyenne de cinquante-cinq ou soixante dépêches de vingt mots par heure. Il est donc, jusqu'ici, sans égal pour les lignes très-occupées. Il n'a contre lui que la complication de ses rouages, qui en rend l'entretien difficile et coûteux, et la nécessité d'être manié par des employés habiles.

APPAREILS AUTOGRAPHIQUES.

On appelle ordinairement appareils autographiques ou pantélégraphes ceux qui reproduisent directement l'écriture, le dessin, et d'une façon plus générale tous les caractères qui peuvent être tracés sur une feuille de papier.

Dans les appareils autographiques le papier sur lequel sont tracés les caractères ou signes à transmettre joue le rôle de distributeur du courant. Les caractères ou signes vont se reproduire à la station d'arrivée sur une feuille de papier analogue. Deux stylets sont disposés, aux deux extrémités de la ligne, de manière à tracer en même temps des lignes droites ou courbes rigoureusement semblables. Ils parcourent ainsi respectivement toute la surface des deux feuilles de papier. Le premier stylet reçoit le courant chaque fois qu'il passe sur un point de l'écriture ou du dessin; le second stylet produit à ce moment une impression, soit chimique, soit mécanique. Un fac-simile de la première feuille est ainsi produit sur la seconde.

Le plus connu de ces appareils est celui de M. l'abbé Caselli. On en voit plusieurs spécimens au Champ de Mars. M. Caselli, après de longues années d'expériences. pendant lesquelles il a été puissamment soutenu par l'administration française. a construit un appareil qui, pour n'être pas d'un usage aussi général que l'appareil Hughes. n'en a pas moins droit à être considéré comme une des merveilles de la télégraphie.

APPAREIL CASELLI.

Les figures ci-contre 29 et 30 indiquent la disposition générale de cet appareil.

Au départ, un stylet de fer parcourt la surface d'une feuille d'étain sur laquelle la dépêche a été écrite avec une encre isolante. L'encre ordinaire peut suffire, pourvu qu'on ait soin de ne pas faire les traits trop fins. A l'arrivée, une autre pointe de fer parcourt un papier légèrement imbibé d'une solution de cyanure jaune de potassium. Sous l'action du courant, la pointe forme sur le papier un cyanure double de fer et de potassium, qui est le bleu de Prusse. Une série de traces bleues reproduit ainsi dans son ensemble la dépêche à transmettre.

Au départ comme à l'arrivée, la feuille d'étain et la feuille de papier chimique sont placées sur une surface cylindrique. La figure 29 montre ces surfaces en A et B. Les pointes les parcourent en décrivant une série d'arcs de cercles parallèles; elles sont animées d'un mouvement d'oscillation que le pendule FF leur communique à l'aide des bras Q et D', et en même temps une vis leur donne un mouvement lent de translation suivant l'axe des surfaces cylindriques. Par suite de la marche oscillatoire du pendule, la course des stylets n'est pas uniforme; ils parcourent plus rapidement le milieu de l'axe cylindrique que les extrémités. Mais cette particularité n'offre pas d'inconvénients parce qu'elle se reproduit au départ comme à l'arrivée; nous pourrions même montrer qu'elle est, à certains égards, favorable à la transmission.

D'après ce qui vient d'être dit, on voit que le système

Fig. 29.

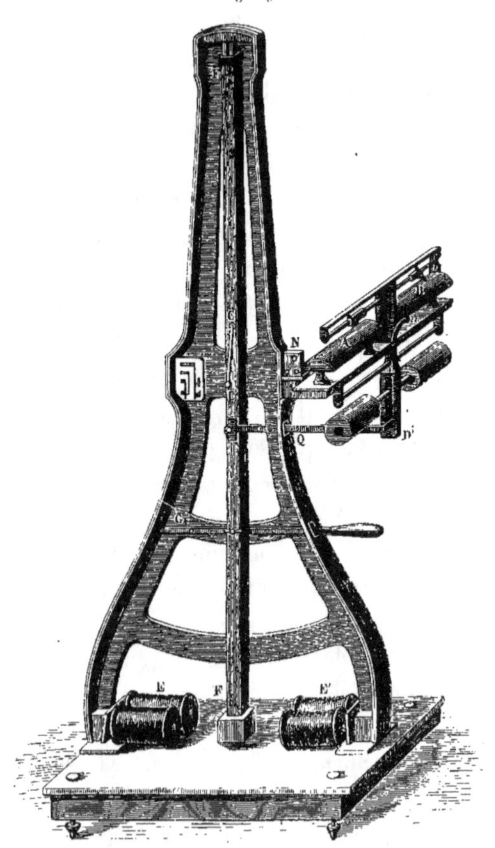

exige, pour fonctionner, que les deux pendules FF aient.

aux deux extrémités de la ligne, des oscillations parfaitement égales et concordantes. C'est là un problème ordinaire d'horlogerie. On aurait pu le résoudre en faisant
agir sur chaque pendule, comme on le fait dans les horloges, un moteur destiné à lui rendre la force vive perdue dans chaque oscillation. On peut de même obtenir le
synchronisme par tâtonnement en faisant varier la longueur des pendules. Mais le balancier FF doit avoir une
assez grande masse pour bien guider le stylet, et il eût
été difficile d'agir directement sur lui pour le régler.
M. Caselli a donc préféré avoir à chaque station deux
pendules distincts complétement indépendants. L'un FF
est le moteur, l'autre BB' (fig. 30), léger, facile à manier,
règle le premier à l'aide d'une pile locale.

Ce pendule BB' est placé dans une boîte AA, à quelque
distance du bâti de l'appareil, pour ne pas en ressentir les
ébranlements. D'un côté il reçoit le mouvement d'un mécanisme d'horlogerie à poids A, et de l'autre il frappe une
lame à ressort qu'on peut tendre à l'aide d'une vis D.
C'est à l'aide de cette vis qu'on peut faire subir de petites
variations à la vitesse d'oscillation du pendule. Les longueurs des deux pendules sont d'ailleurs déterminées de
telle sorte que le pendule BB' emploie à décrire une oscillation double un peu moins de temps que le pendule
FF à faire une oscillation simple. Dans les modèles exposés le régulateur est long de 0^m,90 et le moteur de
2 mètres.

Le pendule FF se termine par une masse de fer qui
oscille entre les deux électro-aimants EE'. Les électro-ai-

mants sont animés par une pile locale dont le circuit est fermé par le pendule moteur lui-même un instant avant la fin de chaque oscillation simple. La masse de fer achève ainsi chacune de ses oscillations sous l'influence d'un électro-aimant qui la retient dans cette position extrême jusqu'au moment où le circuit est rompu. Cette rupture du circuit est opérée par le pendule régulateur BB' à la fin de chacune de ses doubles oscillations. Ainsi le moteur ne quitte jamais sa position extrême qu'au moment où le régulateur termine sa double oscillation. Nous indiquerons d'ailleurs dans un instant comment s'obtient, aux deux extrémités de la ligne. le synchronisme parfait des deux régulateurs.

On peut se rendre compte, à l'aide de la figure 3o, de la manière dont les communications électriques sont établies à travers l'appareil. Les plaques cylindriques où se posent les feuilles communiquent d'une façon permanente avec la terre. La pointe qui transmet communique avec la pile et avec la ligne; c'est ainsi qu'elle envoie le courant à la terre quand elle touche les parties métalliques de la feuille et qu'elle le dirige sur la ligne quand elle passe sur l'encre isolante. La pointe qui reçoit doit seulement être en communication avec la ligne. Les appareils étant disposés pour que chaque pointe soit apte à recevoir ou à transmettre, un commutateur X lui donne, dans chacun des deux cas, les communications nécessaires.

La marche du courant est d'ailleurs un peu compliquée par une disposition qui permet d'envoyer des signaux d'appel sur la ligne à la fin de chaque oscillation

du pendule FF. A cet effet un manipulateur et un récepteur Morse M′ et R′ sont placés sur une planchette que

Fig. 30.

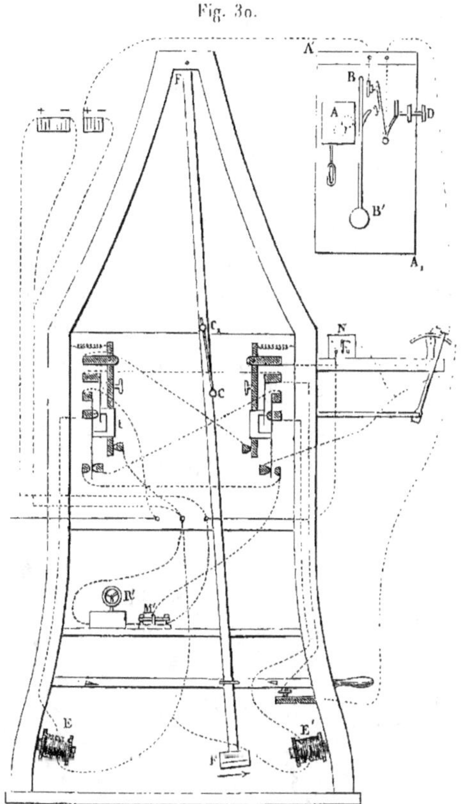

porte le bâti de l'instrument. Un appendice CC₁, fixé au
pendule FF, établit à la fin de chaque oscillation les contacts
qui mettent ces appareils auxiliaires en état de fonctionner.

On remarquera que les oscillations simples du pendule FF se font dans des conditions toujours identiques lorsqu'elles ont eu lieu dans le même sens. Il peut, au contraire, y avoir, entre le mouvement de gauche à droite et le mouvement de droite à gauche, de légères différences, dues soit aux électro-aimants, soit aux pièces mêmes de l'appareil; si donc on traçait une dépêche en utilisant dans les deux sens le mouvement de va-et-vient de la pointe, il pourrait se produire une légère discordance entre les deux séries de ligne qu'elle tracerait. Pour éviter cet inconvénient, on trace la dépêche entière avec un seul des deux mouvements de la pointe : celle-ci marque, par exemple, quand le pendule va de gauche à droite, et se relève quand il va de droite à gauche. Mais, pour qu'il n'y ait pas de temps perdu on dispose alors deux systèmes de plateaux et de pointes solidaires, comme on le voit sur la figure 3o et sur la figure 31 plus dé-

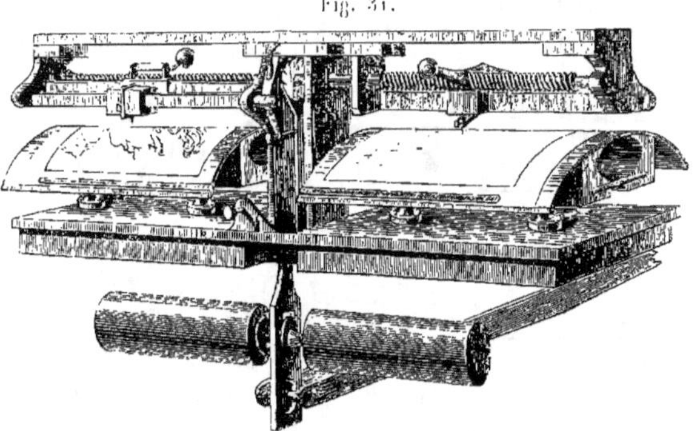

Fig. 31.

taillée. L'oscillation du pendule dans un sens fait passer

une des pointes sur une des feuilles; l'oscillation contraire conduit l'autre pointe sur la seconde feuille. On
imprime ainsi deux dépêches à la fois. On pourrait même,
au moyen d'une très-légère modification introduite dans
le système, recevoir par un des plateaux et transmettre
par l'autre.

Il nous reste à dire comment on obtient le synchronisme. Il s'agit de rendre parfaitement concordantes les
oscillations des pendules régulateurs. A cet effet, le poste
de départ se sert d'une feuille d'étain sur laquelle une
ligne droite a été tracée à l'encre suivant une des géné-
ratrices du plateau cylindrique. Cette ligne se reproduit
à la station d'arrivée; si la ligne reproduite est parfaitement parallèle à l'axe du cylindre, on en conclut que les
mouvements sont rigoureusement synchroniques. Si elle
est oblique, on agit sur la vis D du pendule régulateur
jusqu'à ce que la concordance ait été établie. On remarquera d'ailleurs que le synchronisme des oscillations ne
suffit pas; il faut encore qu'elles aient lieu de telle sorte
que les traces occupent, à l'arrivée sur la feuille chimique,
les mêmes positions que les traces isolantes au départ. Il
pourrait se faire en effet que la dépêche, au lieu de commencer à l'origine du papier, n'apparût qu'à une certaine
distance du bord et que la fin fût perdue, ou réciproquement. On remédie facilement à cet inconvénient au moyen
de la barre d'épreuve : on retarde ou on avance légèrement le régulateur jusqu'à ce que le trait de cette barre
soit convenablement placé. Dans la pratique même les
feuilles d'étain portent deux barres qui limitent l'espace

écrit et que l'appareil doit reproduire. L'opération du réglage s'exécute d'ailleurs pendant la transmission et peut se faire d'ordinaire sans la troubler. De petites déformations n'empêchent pas le texte d'être lisible.

La marche de l'appareil Caselli est, comme on voit, très-simple en pratique. Cet appareil a été mis depuis plusieurs années à la disposition du public sur la ligne de Paris à Lyon; il fonctionne avec beaucoup de régularité. Si son usage n'a pas reçu plus d'extension, c'est qu'il dépasse en quelque sorte les besoins courants. Le public paraît n'attacher qu'un intérêt médiocre à la reproduction autographique de l'écriture. Quant à l'envoi télégraphique de dessins ou de figures quelconques, il ne peut être considéré que comme un cas tout à fait exceptionnel. Quoi qu'il en soit, l'appareil Caselli, après être resté longtemps dans le domaine des expériences, a subi avec honneur l'épreuve de la pratique. Non-seulement il se présente comme une des applications les plus ingénieuses et les plus brillantes de la télégraphie, mais il peut rendre dès maintenant, au moins dans des circonstances spéciales, des services signalés.

Une importante amélioration a été récemment apportée au système Caselli par M. Lambrigot, qui l'avait déjà perfectionné dans quelques-uns de ses détails. Par le procédé qu'a indiqué M. Lambrigot, la feuille sur laquelle la dépêche est reçue à l'arrivée devient apte à une nouvelle transmission électrique. On conçoit l'importance de ce résultat. La rapidité avec laquelle les courants se succèdent dans

la transmission autographique rend impossible l'emploi
de relais. Il semble donc que cette transmission ne puisse
s'effectuer entre des points trop éloignés pour permettre
une communication directe. Mais la difficulté disparaît, si
le texte de la dépêche se trouve tracé à l'arrivée sur une
feuille métallique à l'aide d'une matière isolante de manière à permettre une nouvelle transmission autographique. C'est ce qu'obtient M. Lambrigot d'une façon ingénieuse. Dans les conditions ordinaires de réception, le
papier chimique n'est pas placé directement sur le plateau de l'appareil; on le pose sur une feuille d'étain. Or la
pointe traçante qui, sous l'influence du courant, produit
le trait coloré, décompose en même temps l'eau dont le
papier est imprégné. L'hydrogène va se fixer sur la feuille
d'étain et en décape la surface en réduisant la légère
couche d'oxyde dont elle est toujours recouverte. La dépêche est ainsi reproduite sur la feuille sans être visible.
Mais l'on plonge cette feuille dans une décoction de noix
de galle acidulée par de l'acide azotique; un gallo-tannate
d'étain, composé blanchâtre, se dépose dans toute la partie
qui a été décapée. Le texte de la dépêche apparaît ainsi en
blanc mat sur un fond brillant. Le gallo-tannate d'étain est
assez isolant pour que cette épreuve puisse servir à la
transmission autographique comme un original ordinaire.

Si, au lieu du bain dont la composition vient d'être indiquée, on emploie un mélange d'acide azotique et d'a-
cide pyrogallique, le texte apparaît, non plus en blanc,
mais en noir. Le composé ainsi formé n'est pas assez isolant pour que l'épreuve puisse servir à une nouvelle

transmission ; mais la feuille d'étain ainsi traitée donne un texte plus net et plus lisible que le papier chimique lui-même, et il y a avantage à livrer ce fac-simile au public. C'est ce que l'on fait depuis quelque temps.

L'appareil Caselli se prête à une foule de combinaisons qu'il serait trop long de décrire ici. C'est ainsi qu'en faisant varier les dimensions des plateaux et la course des pointes on peut amplifier ou réduire un dessin, voire même le déformer dans un sens donné. Nous citerons seulement, à titre d'expérience curieuse, la reproduction télégraphique d'un dessin à plusieurs couleurs. La pointe de fer animée par le courant donne avec le cyanure de potassium une teinte bleue. Quand on la remplace par une pointe de cuivre, on a une teinte rouge. On obtient, avec d'autres métaux et d'autres dissolutions, des couleurs différentes. Si donc, à la station de départ, on décompose le dessin en plusieurs feuilles dont chacune porte les parties qui correspondent à une couleur déterminée, et si, à l'arrivée, on reçoit les transmissions successives sur un même papier, en ayant soin d'employer pour chacune d'elles la pointe et la dissolution convenables, on reproduira le dessin à plusieurs couleurs. On a transmis de cette façon des fleurs présentant des teintes bleues, roses et vertes entremêlées.

APPAREIL MEYER ET APPAREIL LENOIR.

On a fait divers essais pour substituer à l'impression chimique une impression mécanique due, soit à un relief imprégné d'encre, soit à une feuille à décalquer.

Nous donnerons ici quelques indications sur l'appareil Meyer et sur l'appareil Lenoir, qui présentent tous les deux, sur certains points, des dispositions nouvelles.

L'appareil Meyer produit l'autographie dans les conditions les plus simples. C'est en quelque sorte l'appareil autographique réduit à ses premiers éléments.

Au départ, la dépêche est tracée sur un papier métallique; on l'enroule sur un cylindre qui tourne sous une pointe animée d'un mouvement rectiligne assez lent; cette pointe envoie le courant sur la ligne, comme dans le système Caselli.

A l'arrivée, une bande de papier ordinaire passe sous un cylindre tournant sur lequel est tracée une hélice saillante; l'hélice a pour pas la longueur du cylindre; elle frotte dans sa rotation contre un tampon qui la maintient toujours imprégnée d'encre grasse.

Chaque fois que le courant passe sur la ligne, le papier est pressé contre un point de l'hélice et reçoit une trace. Comme, d'ailleurs, le cylindre de transmission et celui de réception font un tour dans le même temps, chaque ligne au départ correspond à une ligne à l'arrivée; ainsi se produit, ligne par ligne, une impression qui présente à peu près l'apparence des spécimens Caselli, mais qui se fait sans action chimique, par de l'encre ordinaire, sur du papier ordinaire.

Tel est le principe de l'appareil; il y faut ajouter le synchronisme, sur lequel nous reviendrons tout à l'heure.

15.

Les figures 32 et 33 indiquent, dans ses dispositions

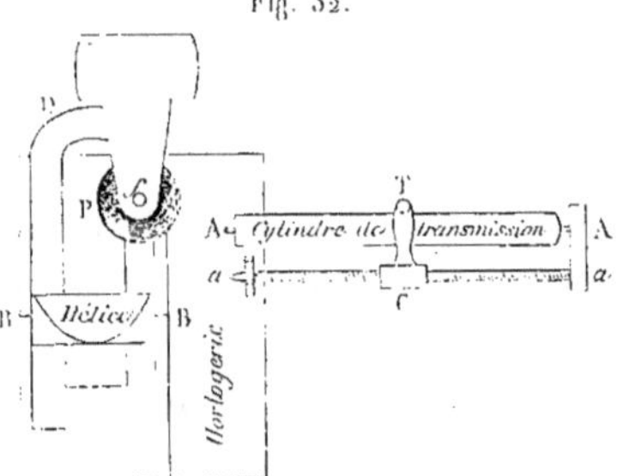

Fig. 32.

élémentaires, le mécanisme qui est très-simple. Un système de rouages d'horlogerie, mû par un poids, fait tourner le cylindre transmetteur AA et le cylindre de réception BB, d'un même mouvement; la tige aa, qui n'est qu'une vis mince et longue, tourne également et fait

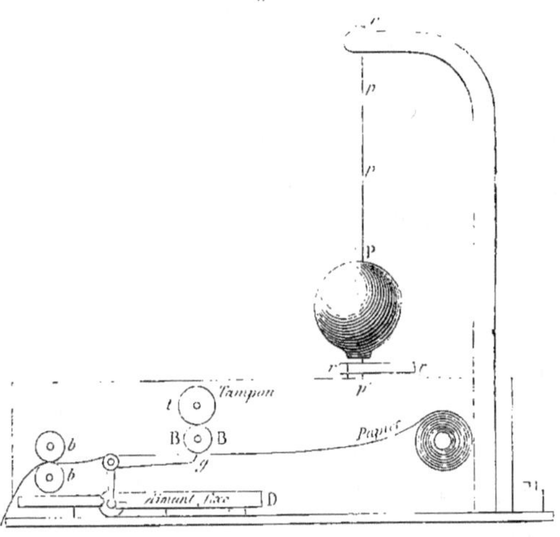

Fig. 33.

avancer le chariot C, qui porte la pointe T. Le papier métallique sur lequel est écrite la dépêche est enroulé

sur le cylindre, de façon à le recouvrir complétement ;
les bords en sont fixés au moyen d'un peu de cire.

A l'arrivée, le papier, large environ comme la main,
est entraîné par deux rouleaux b, b, et vient passer sous
le cylindre BB, de façon à se trouver presque au contact
de l'hélice, encrée par le tampon t. Le couteau g tend à
presser le papier contre l'hélice ; il est seulement retenu
par une armature placée en regard d'un aimant fixe D.
Quand le courant passe, l'action de l'aimant est annulée
et le couteau produit l'impression sur le point de l'hélice
qui se trouve à ce moment à l'arête inférieure de BB.
On voit, en résumé, qu'on peut se représenter le mécanisme récepteur en se figurant un appareil Morse ordinaire, dont la molette, au lieu de se réduire à une tranche
cylindrique très-plate, se développe horizontalement de
manière à former un cylindre d'une certaine longueur.

Nous arrivons au synchronisme. On comprend que la
condition essentielle du système est que le cylindre de
transmission AA, au départ, et le cylindre de réception
BB, à l'arrivée, exécutent un tour en même temps. Dans
le même bureau, les deux cylindres sont mus par le même
mécanisme d'horlogerie ; mais comment leur donner le
même mouvement au départ et à l'arrivée ? L'appareil de
M. Meyer est muni d'un pendule conique formé d'une
tige d'acier flexible ppp' encastrée en f, et d'une grosse
masse de cuivre P. Cette masse décrit des oscillations
coniques en entraînant la rainure rr, qui sert à la guider
et qui lui permet de s'écarter plus ou moins de la verticale. Le pendule, au-dessous de la rainure, est relié

par une roue d'angle au mécanisme d'horlogerie pour lequel il fait à la fois volant et régulateur. Les oscillations coniques d'un pendule tel que celui qui vient d'être décrit ne sont pas isochrones théoriquement; mais on arrive, dans la pratique, à les rapprocher beaucoup de l'isochronisme. On a donc ainsi un mouvement d'une extrême régularité, et l'on peut en amener la vitesse au degré qu'on désire, par un réglage facile, en élevant ou en baissant un peu la sphère P. Dans ces conditions, le synchronisme s'obtient par tâtonnement, au moyen d'une barre, par exemple, qui doit se reproduire à l'arrivée, comme il a été dit pour l'appareil Caselli. Aucune disposition spéciale ne maintient le synchronisme; il se conserve de lui-même, ou on le rétablit par tâtonnement. Les expériences faites jusqu'ici ne permettent pas encore d'affirmer que ce système sera suffisamment efficace. On peut l'espérer cependant, grâce à la grande régularité de mouvement qui est due à l'emploi du pendule conique; il y aurait là, dans ce cas, une solution très-élégante et très-pratique de la question du synchronisme.

L'appareil Lenoir a acquis une certaine notoriété au Champ de Mars, par le soin que son inventeur a mis à le faire fonctionner sans cesse devant le public.

Cet appareil, comme le précédent, produit une impression mécanique; à chaque extrémité de la ligne, un cylindre de buis tourne sous l'influence d'un mécanisme d'horlogerie en face d'un stylet qui se meut lentement, suivant l'axe du cylindre. Au départ, la dépêche, écrite avec de l'encre gommée sur une feuille de papier argenté, est enroulée sur le cylindre manipulateur; le cylindre récepteur est légèrement enduit d'encre d'imprimerie, puis recouvert d'une feuille de papier à calquer sur laquelle la dépêche se reproduit. Le stylet du récepteur obéit à l'action d'un petit électro-aimant; il reste soulevé tant que le circuit de la pile de ligne est fermé; il presse, au contraire, le papier et y marque une hachure chaque fois que le courant est interrompu, ce qui arrive chaque fois que le stylet de la station de départ rencontre une trace isolante.

La partie la plus originale de l'appareil Lenoir est celle qui règle le synchronisme. M. Lenoir se sert à cet effet de courants électriques qui passent plusieurs fois pendant une rotation des cylindres, et opèrent à chaque fois une correction analogue à celle que nous avons décrite dans l'appareil Hughes.

Voici quelques indications sur le mécanisme de cette correction électrique. Le mouvement d'horlogerie du manipulateur fait tourner un axe vertical dont l'extrémité supérieure est armée de trois plaques rectangulaires de fer doux formant une croix à six branches également espacées; cette croix tourne d'un mouvement continu, dans un plan horizontal, en face des pôles d'un électro-aimant A, animé par une pile locale dont le circuit est fermé par un relais que traverse le courant de la ligne. Ce relais est réglé suivant le système des électro-aimants paresseux; le courant de la ligne ne suffit pas pour le faire fonctionner. On verra tout à l'heure quelle est la force additionnelle qui vient le faire agir à certains moments. Quand il agit et que le circuit de la pile locale se ferme, l'électro-aimant A agit sur celle des lames de fer doux qui se trouve le plus près de lui; il en accélère ou en ralentit le mouvement, suivant le cas, et opère ainsi la correction.

A l'autre station, le mouvement d'horlogerie du récepteur fait aussi tourner un axe vertical portant un interrupteur sur lequel se trouvent six contacts métalliques également espacés; un ressort frotte sur l'interrupteur, et chaque fois qu'il porte sur un contact métallique, c'est-à-dire six fois pendant chaque révolution de l'axe, le courant d'une pile additionnelle vient s'associer en tension au courant qui arrive de la ligne. Grâce à ce secours, l'électro-aimant paresseux de la station de départ fonctionne, et l'effet que nous avons décrit tout à l'heure se produit. Ainsi, l'interrupteur de l'un des appareils et la croix de fer doux de l'autre se trouvent solidaires; ils se corrigent de manière à tourner synchroniquement et à rendre synchronique le mouvement des deux cylindres.

On remarquera que le courant additionnel qui produit la correction ne gêne en rien l'impression, puisque celle-ci a lieu seulement quand la ligne est isolée. Si le courant correcteur est envoyé dans le moment où se produit cet isolement, la correction se trouve seulement retardée d'un ou plusieurs sixièmes de tour.

Ce système ingénieux, mais un peu compliqué et délicat, fonctionne bien sur une petite échelle. Il y a lieu de voir s'il triomphera des difficultés spéciales que présente la transmission sur une longue ligne.

TYPOTÉLÉGRAPHES.

Dans les divers appareils autographiques qui viennent d'être décrits, il faut qu'une pointe parcoure la surface entière de la feuille sur laquelle la dépêche est tracée ; tout le temps qu'elle met à passer sur le blanc du papier est évidemment perdu. On gagnerait en vitesse, si toutes les lettres étaient comprises entre deux lignes parallèles, comme des caractères ordinaires d'imprimerie, et si la pointe n'avait qu'à se mouvoir sur cette surface utile. C'est cette pensée qui a inspiré à M. Bonelli l'idée de l'appareil typotélégraphique, qu'on peut voir dans l'Exposition italienne.

TYPOTÉLÉGRAPHE BONELLI.

La dépêche est composée sur une seule ligne à l'aide de caractères d'imprimerie (lettres capitales) que l'on place dans un cadre. Un peigne à cinq pointes parcourt la dépêche dans toute sa longueur ; ces cinq pointes sont isolées l'une de l'autre et communiquent chacune avec un fil distinct. Ces fils sont en relation, à l'extrémité de la ligne, avec cinq pointes formant également un peigne sous lequel se meut une bande de papier électro-chimique. Le premier peigne, qui sert de distributeur de l'électricité, envoie un courant sur un fil chaque fois que la pointe correspondante touche le relief d'une lettre. Les différents caractères sont ainsi reproduits sur le papier chimique par cinq séries de traits qui suffisent à les figurer ; le texte est parfaitement lisible.

Dans un pareil système, le synchronisme n'est plus nécessaire, mais la nécessité d'avoir cinq fils parallèles constitue un embarras d'un autre ordre; à la rigueur, quatre fils peuvent suffire, et on obtient encore ainsi un texte suffisamment net; mais on ne peut pas descendre au-dessous de ce nombre, et c'est là une condition qui rend ce système à peu près inapplicable. Il n'y a guère de ligne télégraphique qui puisse fournir à la fois quatre fils en bon état, pour le service d'un seul appareil.

Dans l'appareil employé au Champ de Mars par M. Bonelli, les pointes des peignes sont en platine; on a voulu éviter ainsi l'usure inégale des différentes dents qui se serait produite, si l'on s'était servi de pointes de fer. Le platine n'agit pas directement pour former avec la solution chimique la trace colorante; il conduit seulement le courant, et la substance dont le papier est imprégné fournit, en se décomposant, tous les éléments de la coloration. Cette substance est de l'azotate de manganèse. Cette impression chimique est plus difficile à produire que celle qu'emploie M. Caselli, elle demande une force électromotrice à peu près double.

On remarquera d'ailleurs que les dents des peignes se trouvent, à certains moments, en communication avec le métal des caractères et sont isolées le reste du temps au-dessus d'un espace vide. En raison de cette circonstance, M. Bonelli a adopté, pour la pile qui anime chaque fil, la disposition suivante: deux piles égales et de sens contraires sont placées aux deux extrémités du fil, et, dans l'état ordinaire, leurs courants se détruisent; mais, quand

la pointe (qui, au bureau de départ, est en communication
avec le fil) touche le relief du caractère, elle établit une
communication avec la terre, et les courants des deux
piles se ferment chacun de son côté. On conçoit d'ailleurs
qu'il faille, dans ce système, une pile ou plutôt un système
spécial de piles pour chacun des fils conducteurs.

L'ensemble de l'appareil se compose d'un châssis sur
lequel sont juxtaposés deux peignes, dont l'un sert à la
transmission et l'autre à la réception. Deux chariots se
meuvent sur des rails, l'un portant une dépêche composée, l'autre une bande de papier chimique; ils sont
entraînés par un mouvement d'horlogerie que déclanche
le courant de la ligne, et viennent passer successivement
sur leurs peignes respectifs, de telle sorte que, dans un
seul voyage, une dépêche est transmise et une autre est
reçue. Quand le système des deux chariots est arrivé à
l'extrémité de sa course, on le ramène à la main à sa position première où un déclic l'arrête. Ce mouvement de
recul remonte d'ailleurs le mécanisme d'horlogerie, et on
le trouve prêt pour une nouvelle transmission.

TYPOTÉLÉGRAPHE DE MM. VAVIN ET FRIBOURG.

Les typotélégraphes sont, comme nous le disions tout
à l'heure, des appareils qui décomposent les lettres en un
très-petit nombre d'éléments, pour les transmettre à l'aide
de quelques émissions de courant. M. Bonelli a recours.
pour atteindre ce but, à une composition préalable en caractères d'imprimerie. Il nous reste à parler d'un appareil
qui résout le problème d'une autre façon ingénieuse et

nouvelle. Cet appareil n'a pas été entièrement construit:
on n'en peut voir qu'une ébauche; le principe mérite pourtant d'en être décrit.

Fig. 34.

MM. Vavin et Fribourg emploient une sorte de
caractère-type (voir fig. 34) dont les éléments
peuvent servir à représenter toutes les lettres.
Les lettres ont alors la forme indiquée ci-dessous (fig. 35).

Fig. 35.

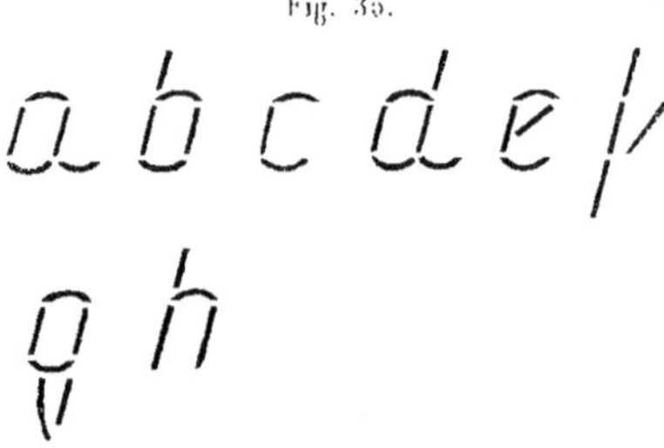

Le système se compose d'ailleurs essentiellement (fig. 36):

Fig. 36.

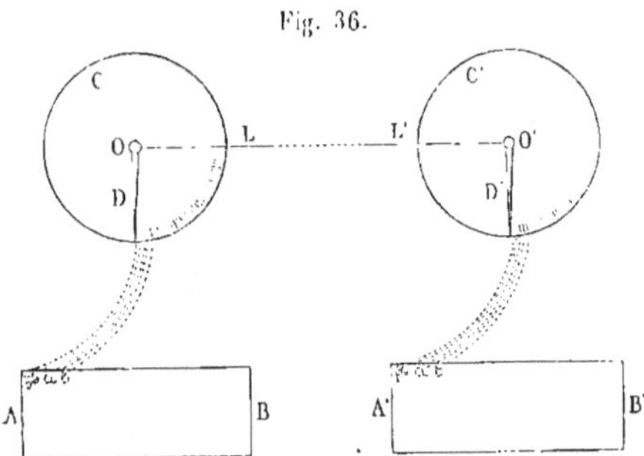

1° D'un cliché **AB** comprenant au moins autant de
caractères-types qu'il y a de lettres à transmettre. Cha-

cun de ces types est formé de onze lames métalliques isolées les unes des autres et fixées dans un bloc de gutta-
percha;

2° D'un disque rigide C recouvert de gutta-percha; il
comprend autant de divisions métalliques, isolées les unes
des autres, qu'il y a de lamelles dans le cliché; chaque
division communique d'ailleurs par un petit fil spécial
avec une lamelle du cliché;

3° D'une aiguille conductrice D qui parcourt le disque
et vient toucher successivement, en faisant légèrement
ressort, chacune des divisions métalliques.

Tels sont les éléments principaux qui constituent la
station de départ. A l'arrivée, il y a de même un cadran
C′ avec une aiguille D′ et un cliché A′B′. Les deux aiguilles
D et D′ sont reliées au moyen du fil de ligne LL′; elles
peuvent être mises en mouvement par deux appareils
d'horlogerie déclanchés au même instant et marchant synchroniquement.

Cela étant donné, on écrit le télégramme à transmettre
au moyen d'encre isolante sur un papier métallique où
sont légèrement indiqués à l'avance des caractères-types
identiques à ceux du cliché transmetteur. On n'a donc
qu'à suivre à la plume les parties du type qui doivent former chaque lettre. On place la feuille ainsi préparée sur
le cliché AB, en le mettant en communication avec la
pile; à la station d'arrivée, une feuille de papier chimique
est placée de même sur le cliché A′B′. Si, dans ces conditions, on fait partir à la fois les deux aiguilles D et D′,
de telle sorte qu'elles fassent ensemble le tour de leurs

cadrans respectifs, chacune des lamelles de AB est successivement en communication par le fil de ligne avec
chacune des lamelles de A'B'.

Par une disposition facile à concevoir, le courant est
envoyé sur la ligne chaque fois qu'il rencontre sur son
passage une lamelle que recouvre une trace isolante. A
la station d'arrivée, la lamelle correspondante laisse immédiatement sa trace sur le papier chimique. Quand les
aiguilles ont achevé leur tour, la dépêche entière est imprimée.

D'après cet exposé, on peut voir tout de suite quelle
est la principale difficulté du système. Les roues C et C',
pour le cliché de cent lettres (correspondant à une dépêche de vingt mots), ne contiennent pas moins de onze
cents divisions. Or il faut que les deux aiguilles parcourent
ces divisions d'un mouvement parfaitement synchronique.
L'appareil de MM. Vavin et Fribourg demande donc
un synchronisme beaucoup plus parfait que l'appareil
Hughes. Dans celui-ci, grâce à la roue correctrice, il suffit qu'il n'y ait pas entre les mouvements des roues une
différence de plus de $\frac{1}{56}$ de circonférence par tour, si l'on
abaisse une touche du clavier à chaque révolution du
chariot. Si l'on n'abaisse de touche que tous les trois tours,
il suffit encore que la différence soit moindre que $\frac{1}{100}$.
Dans l'appareil Vavin et Fribourg, en admettant que le
synchronisme soit réglé à chaque tour, il faut que les
mouvements ne diffèrent jamais de $\frac{1}{1100 \times 2}$ ou $\frac{1}{2200}$ de
circonférence.

Cette condition ne pourrait être réalisée que par un

mécanisme d'une grande précision, et il paraît difficile d'y arriver dans la pratique. Il est juste cependant d'ajouter que les études sur le synchronisme sont encore à leurs débuts. Pendant longtemps elles ne s'appliquaient qu'aux problèmes de l'horlogerie. C'est seulement depuis un très-petit nombre d'années que la pratique de la télégraphie a donné un nouvel intérêt à ces questions. On ne peut donc se faire, dès maintenant, une idée arrêtée sur les résultats qui pourront être obtenus.

QUATRIÈME PARTIE.

APPAREILS ACCESSOIRES.

APPAREILS ACCESSOIRES.

Après avoir parlé avec quelques développements des principaux appareils qui servent à la transmission télégraphique, il nous reste à dire quelques mots des instruments qui sont employés accessoirement dans les bureaux, comme les relais, les boussoles, les paratonnerres, etc.

Mais il ne pourra être donné, à cet égard, que des indications très-sommaires.

RELAIS, ÉLECTRO-AIMANTS DIVERS.

On tend généralement depuis quelques années, dans la pratique de la télégraphie, à se passer de relais. On sait, en effet, construire des appareils de plus en plus sensibles, et l'on peut confier au courant de la ligne lui-même le soin de faire mouvoir des mécanismes dont le jeu ne pouvait être autrefois déterminé que par une pile locale. Dans certains cas, on emploie les appareils eux-mêmes comme translateurs.

Cependant les relais proprement dits sont encore, dans beaucoup de circonstances, d'utiles auxiliaires, et nous pouvons indiquer différentes dispositions données à ces appareils.

Nous ne parlerons pas des appareils élémentaires et usités dès l'origine de la télégraphie, dans lesquels un électro-aimant fait mouvoir une palette dont la queue ferme le circuit de la pile locale et se trouve ensuite ramenée par un ressort antagoniste.

M. Hipp, constructeur des appareils de l'administration suisse, divise le ressort de rappel en deux parties placées en regard l'une de l'autre et qui agissent, l'une pour élever, l'autre pour abaisser la queue d'une palette horizontale. La palette est ainsi maintenue en équilibre par deux forces contraires au-dessus d'un électro-aimant vertical. Le moindre courant l'attire, et, dès que l'électro-aimant a cessé d'agir, elle est rapidement ramenée vers sa position d'équilibre. Ce système paraît donner en Suisse de bons résultats.

On cherche à construire les relais de telle sorte qu'ils fonctionnent régulièrement, malgré la variation qui peut se produire dans l'intensité du courant, et on leur applique à cet effet diverses dispositions dont la plupart sont applicables aussi aux appareils de réception. La question des relais se confond donc, jusqu'à un certain point, avec celle des appareils ordinaires.

Ainsi, souvent on se sert du mouvement de la palette pour fermer une dérivation qui envoie le courant de la ligne à la terre en supprimant le passage à travers l'électro-aimant. Celui-ci, dès qu'il a produit son effet, se trouve ainsi retiré du circuit. M. Hughes notamment a employé ce système dans son appareil. D'autres constructeurs utilisent le mouvement de la palette pour fermer le circuit d'un fil enroulé sur l'électro-aimant même; il se produit ainsi, aussitôt que l'électro-aimant a agi, un autre courant qui a pour but de faire disparaître le magnétisme rémanent.

Le ressort antagoniste des électro-aimants peut être remplacé par un aimant permanent qui agit par attraction sur l'armature au moment où le courant de la ligne est interrompu. Ainsi, par exemple, l'armature peut être, comme dans la figure 37, articulée à l'extrémité d'une des branches A′ de l'électro-aimant et placée en regard d'un aimant permanent DE. Le courant déterminera en C une aimantation contraire à celle du pôle D, et l'armature sera en conséquence attirée par la branche A. Dès que le courant cessera, elle se trouvera rappelée par le pôle D.

Parmi les différents appareils que l'on a construits en appliquant ce principe, le plus cé-

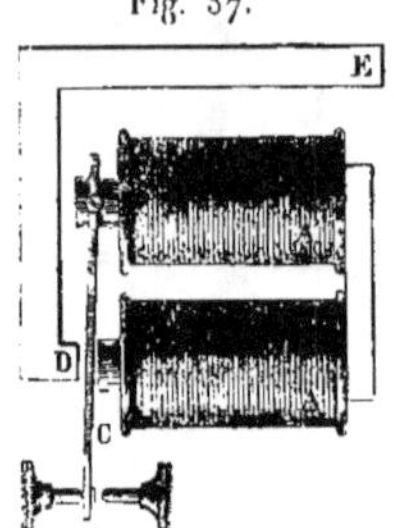

Fig. 37.

lèbre est celui qui est connu sous le nom de *relais Siemens*. Cet appareil est devenu comme une sorte de type qui a reçu lui-même un grand nombre de modifications et d'applications successives. La figure 38 montre la disposition générale du relais Siemens. Dans la boîte en cuivre que représente la figure se trouve un aimant permanent dont un des pôles, le pôle nord par exemple, sort en B. L'autre

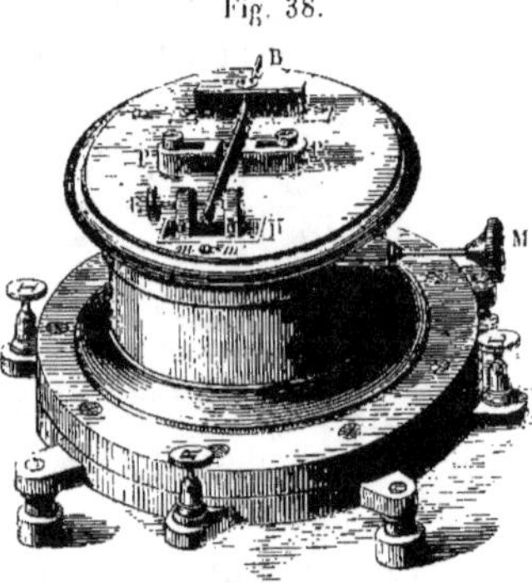

Fig. 38.

pôle, le pôle sud, est en communication avec les deux noyaux d'un électro-aimant qui émergent en P et P'; ces deux noyaux ont ainsi la même polarité magnétique. En B se trouve articulée une tige de fer doux à laquelle cette position donne une polarité contraire. L'extrémité de la tige peut donc trouver, entre les deux branches P et P', et à égale distance de l'une et de l'autre, une position d'équilibre instable où elle peut rester. Si elle dépasse cette position, elle est attirée plus for-

tement par la branche la plus voisine et vient s'appuyer
contre l'un des butoirs *mm'*. Cela étant donné, si un courant passe dans l'électro-aimant, il agit dans des sens
contraires sur le magnétisme des deux noyaux, augmente
par exemple celui de P' et diminue celui de P. La tige,
que nous supposerons inclinée vers P, se trouvera alors
attirée par P' et ira s'appuyer contre le butoir *m'*. Un courant de sens contraire produira l'effet inverse sur les
noyaux, et la tige sera en conséquence portée contre le
butoir *m*. On voit donc que des courants alternatifs feront
osciller la palette. On conçoit d'ailleurs que l'on puisse
rendre l'appareil très-sensible en obligeant la palette à
ne s'écarter que très-peu de sa position médiane. C'est ce
que l'on peut faire en modifiant la position des butoirs au
moyen des vis M et E.

On peut aussi, à l'aide de ces mêmes butoirs, obtenir des résultats d'un autre ordre et des plus importants.
On vient de voir comment l'appareil fonctionne par l'action de courants alternatifs. Il est désirable évidemment
qu'on puisse s'en servir en n'employant que des courants
de même sens. C'est cet effet que l'on réalise en donnant
au chariot H qui porte les butoirs une position convenable. Qu'on imagine la ligne axiale qui de B vient passer
à égale distance de P et de P'; si la tige est obligée de
rester constamment d'un même côté de cette ligne, l'attraction du pôle correspondant sera toujours prépondé-
rante, et, après avoir été repoussée au moment de l'émission du courant, la tige reviendra sans courant contraire
vers le pôle qui l'attire. On voit ainsi qu'en agissant au

moyen de la vis M sur le chariot H on peut disposer le relais Siemens de manière qu'il fonctionne soit avec des courants qui changent alternativement de sens, soit avec des courants qui conservent toujours la même direction.

Après le relais Siemens, il y aurait lieu de citer un assez grand nombre d'appareils où le jeu des aimants permanents se combine avec celui des bobines électriques ; mais nous laisserons ce sujet pour donner seulement quelques indications sur les dimensions et les formes généralement adoptées par les constructeurs d'électro-aimants. On est amené, en effet, quand on considère un si grand nombre de bobines qui fonctionnent dans des appareils de toutes sortes, à se demander s'il y a une forme et des dimensions qui contribuent à leur donner leur maximum d'effet.

Il est à remarquer que la plupart des constructeurs se rapprochent, soit par calcul, soit par hasard, des proportions suivantes, qui ont été indiquées, à la suite d'une série d'expériences récentes, comme constituant les conditions les plus favorables. Les noyaux cylindriques de fer doux (qu'on fait creux depuis longtemps), ayant 1 centimètre de diamètre, doivent avoir $1^{mm},5$ d'épaisseur et 5 centimètres de longueur. Si la même masse de fer doux est autrement répartie, l'effet est moindre. Si, à un noyau construit comme il vient d'être dit, on ajoute latéralement une petite masse de fer, on diminue encore l'effet. En ce qui concerne l'ensemble de la bobine, beaucoup de constructeurs enroulent maintenant directement le fil

recouvert sur le noyau même ; il est clair, en effet, qu'en
diminuant la distance à laquelle se produit l'action magnétique, on en augmente l'intensité. Lorsqu'on enroule
le fil sur une carcasse, elle est en bois ou en ivoire, ou,
si elle est en cuivre, elle est fendue longitudinalement
pour éviter les courants d'induction qui se produiraient
dans un cylindre de cuivre continu.

Une disposition spéciale s'applique aux noyaux et aux
armatures aimantés : elle a été indiquée par M. Hughes.
Les pôles d'un noyau magnétique ne sont pas situés aux
extrémités mêmes du barreau, mais à une petite distance
de ces extrémités. Il y a donc avantage à recourber le bout
du barreau, de telle façon qu'il présente son pôle même
à l'armature ; on obtient ainsi une force attractive plus
considérable. En ce qui concerne l'armature aimantée, il
est utile aussi que ses pôles se trouvent rigoureusement
en face de ceux de l'électro-aimant, et il est facile d'en déterminer les dimensions de telle sorte que ce résultat soit
atteint.

En appliquant ces principes aux électro-aimants à
noyaux et à armatures aimantés, on a obtenu des résultats surprenants. C'est ainsi que M. Hughes a pu faire
fonctionner son appareil avec une résistance de 500 à
600 kilomètres, en employant pour force électro-motrice
celle que donnent une petite lame de cuivre et une lame
de zinc placées sur la langue de l'expérimentateur ou
même une pièce d'or et une pièce d'argent plongées dans
l'eau pure.

BOUSSOLES, GALVANOMÈTRES,
APPAREILS DE RÉSISTANCE.

On rencontre au Champ de Mars, soit parmi les produits de la classe 64, soit parmi les produits de la classe 12 (instruments de précision et matériel de l'enseignement des sciences), un assez grand nombre d'instruments destinés à la mesure des courants électriques. Pour la plupart, ils consistent essentiellement en une aiguille aimantée qui est dirigée, soit par le magnétisme terrestre, soit par un gros aimant permanent. L'aiguille est d'ailleurs au milieu d'un cadre entouré d'un certain nombre de tours de fil recouvert. Les courants qui passent dans le fil dévient l'aiguille, et on détermine leur intensité par l'amplitude de cette déviation. Quand le cadre reste immobile, on a ce qu'on appelle une *boussole de tangentes*, dans laquelle l'intensité des courants est proportionnelle à la tangente de l'angel de déviation ; il faut, dans les appareils de cette nature, que le cadre ait de très-grandes dimensions par rapport à l'aiguille. Quand le cadre est mobile et qu'on le fait mouvoir de telle sorte qu'il contienne toujours dans son plan l'aiguille déviée, on a ce qu'on appelle une *boussole de sinus;* l'intensité du courant y est proportionnelle au sinus de l'angle de déviation. Les appareils construits d'après ces principes affectent une assez grande variété de formes; quelquefois l'aiguille oscille sur un pivot; d'autres fois, quand on veut obtenir une grande sensibilité, elle est suspendue à un fil de cocon. Bien d'autres éléments de variété sont introduits dans la construction de ces appareils, dont la plupart, les plus simples au moins, sont assez connus pour qu'il n'y ait pas lieu de les décrire ici. Au lieu d'entrer, à cet égard, dans des détails superflus, il ne sera pas inutile de présenter, en quelques mots, les considérations générales qui s'attachent naturellement à l'emploi de ces appareils.

Sans doute, ces divers instruments suffisent, à la rigueur, aux besoins de la pratique, et donnent, par exemple, dans le service télégraphique, les indications dont on a besoin sur la nature et la force des courants que l'on emploie. Mais, si l'on cherche à se rendre compte de la nature des indications qu'ils donnent, on verra qu'elles sont d'un ordre en quelque sorte empirique et qu'elles ne sont pas en rapport direct avec les phénomènes mêmes que l'on veut étudier. On peut dire ainsi d'une manière générale que les galvanomètres et les boussoles, tels que nous les connaissons, ne fournissent que de mauvaises mesures des phénomènes électriques.

Ceci demande quelques explications.

Un courant passe dans un fil et dévie une aiguille aimantée qu'il rencontre sur son passage. C'est par ce phénomène tout particulier qu'on essaye de se faire une idée de l'intensité du courant; mais cette déviation de l'aiguille dépend de plusieurs circonstances, de la masse de l'aiguille, de son mode de suspension, du nombre des tours qui agissent sur elle, etc., de telle sorte que deux galvanomètres ne sont pas comparables entre eux. On ne peut tirer des indications concordantes de deux instruments différents, qu'à la condition de les avoir préalablement repérés l'un par rapport à l'autre. Il y a plus, si l'on se sert toujours du même galvanomètre, les résultats que l'on en tire sur les courants que l'on veut étudier manquent encore de précision. Un courant produit d'ordinaire, sur son chemin, une série d'actions; il échauffe le fil où il passe, il détermine divers effets mécaniques ou électriques; la déviation de l'aiguille aimantée est un de ces effets, mais, à lui seul, il n'indique pas tout ce que le courant peut produire. On n'a qu'une idée très-inexacte de la puissance totale du courant, si on l'évalue par ce phénomène tout à fait extérieur et accessoire qu'il détermine en un point de son circuit. Or c'est généralement sur la puissance totale du courant que l'on aurait intérêt à être renseigné.

On voit, par ces indications générales, en quoi le galvanomètre est insuffisant comme instrument de mesure des courants électriques; mais, que peut-on y substituer? On ne résoudra pleinement cette question que quand la nature même de l'électricité sera mieux connue. On trouve cependant, dès maintenant, sur ce sujet, un enseignement dans les progrès qu'a réalisés une autre branche de la physique, celle qui se rapporte à l'étude de la chaleur. Tant que l'on s'est contenté de rapporter les phénomènes calorifiques à l'échelle du thermomètre, ils sont demeurés obscurs. Le thermomètre présente, bien qu'à un degré beaucoup moindre, les inconvénients que nous indiquions tout à l'heure en parlant du galvanomètre: il marque la température qu'un corps communique aux corps voisins, mais ce n'est là qu'un phénomène extérieur, et la température n'est qu'une des particularités de la chaleur. Si l'on a un kilogramme d'eau à 100 degrés et qu'on le fasse vaporiser librement à l'air, il absorbe une énorme quantité de chaleur (536 calories) et le kilogramme qui en résulte est encore à 100 degrés[1]. Entre la chaleur intrinsèque d'un corps et son effet sur l'échelle thermométrique, il n'y a que des rapports indirects et, pour ainsi dire, accidentels. L'étude de ces rapports n'a jamais pu donner que des connaissances vagues et confuses. Les véritables progrès ont commencé le jour où l'on a rapporté les phénomènes calorifiques, non plus seulement aux degrés du thermomètre, mais à une unité intrinsèque, la *calorie*, c'est-à-dire à la quantité totale de chaleur qui est nécessaire pour produire un certain effet net et facile à apprécier (échauffer d'un degré un kilogramme d'eau).

---

[1] On connaît cette expérience qui se fait quelquefois dans les cabinets de physique, pour montrer que des corps différents, tout en étant à la même température, contiennent des quantités très-diverses de chaleur. On suspend, à l'aide d'un support quelconque, un gâteau de cire épais de 12 millimètres environ ; on prend ensuite un vase d'huile bouillante et on y plonge des billes de métaux différents et de volume égal, des billes de fer, de cuivre, d'étain, de plomb et de bismuth, par exemple. Ces billes ayant pris toutes la même température, celle du liquide bouillant, on les tire toutes de l'huile et on les place à la fois sur le gâteau ; elles s'enfoncent dans la cire, mais avec des vitesses très-différentes. Le fer et le cuivre entrent vigoureusement dans la masse fusible, l'étain plus mollement, le plomb et le bismuth demeurent en arrière. La bille de fer traverse la cire de part en part et tombe la première ; celle de cuivre la suit ; les autres restent en chemin, incapables de percer le gâteau, et s'y arrêtent à des profondeurs différentes dans l'ordre de leur capacité calorifique.

Il y a là un exemple qu'il serait sans doute fort utile de suivre. Il faudrait, dans l'étude des courants, prendre pour notion fondamentale une unité, une *électrie*, qui serait la quantité d'électricité nécessaire pour produire un effet déterminé. Ce serait, par exemple (il ne s'agit ici de rien préciser) la quantité nécessaire pour la décomposition électrolytique d'un kilogramme d'eau. On s'efforcerait alors d'exprimer, à l'aide de cette unité fondamentale, les divers phénomènes électriques qui, jusqu'ici, ne sont spécifiés que par des circonstances accessoires. Il n'est guère douteux qu'en entrant ainsi au cœur même des faits, au lieu de s'en tenir au dehors, on ferait faire à la science de l'électricité des pas notables.

Ces explications théoriques ne sauraient être poussées plus loin sans dépasser le cadre de la présente notice. Il est clair, d'ailleurs, qu'au point de vue pratique les indications tirées des galvanomètres et des boussoles conservent toute leur importance.

Parmi les instruments de ce genre, nous mentionnerons seulement le galvanomètre de Thomson, qui a acquis une certaine notoriété par les circonstances dans lesquelles il a été employé.

Cet instrument a été destiné primitivement aux essais à faire en mer sur les câbles sous-marins en cours de pose. Il se compose d'un aimant très-petit et très-léger, fixé au dos d'un petit miroir circulaire. Ce système est suspendu par son centre de gravité en face d'une lentille; une lampe placée à un mètre environ de distance envoie ses rayons, à travers la lentille, sur le miroir, qui les réfléchit à travers cette même lentille et concentre leur image sur une échelle horizontale un peu au-dessus de la lampe. Les moindres déviations de l'aimant et du miroir apparaissent ainsi considérablement agrandies. Un gros aimant en fer à cheval fixé à la boîte qui supporte le système, neutralise l'effet du magnétisme terrestre ; on règle le gros aimant au moyen d'une vis spéciale, de manière à amener l'image du miroir au zéro de l'échelle.

Le galvanomètre Thomson peut constituer un appareil télégraphique d'une extrême sensibilité : il a servi à la transmission des dépêches entre l'Europe et l'Amérique, dans l'année 1858, pendant que le premier câble transatlantique a fonctionné. On l'utilisait en le complétant à l'aide d'une sorte de relais humain : un employé faisait marcher un récepteur ordinaire avec un manipulateur Morse, qu'il abaissait plus ou moins longtemps, suivant que l'image lumineuse se trouvait, sur l'échelle, à droite ou à gauche du zéro.

Nous dirons aussi quelques mots des appareils à mesurer les résistances, dont l'usage tend à se répandre, et dont le perfectionnement a surtout été déterminé par l'extension donnée à la télégraphie sous-marine.

Les électriciens n'ont pas encore établi entre eux un concert général pour adopter une même unité de résistance. On sait qu'une commission spéciale, nommée en 1862 par l'Association britannique pour l'avancement des sciences, a étudié, dans des vues d'ensemble, la question des unités à adopter pour les forces électriques ; elle a proposé des unités déterminées par les propriétés mécaniques de l'électricité. En attendant qu'une solution générale ait prévalu, on a choisi empiriquement de divers côtés, pour les besoins de la pratique, des unités de résistance. La plus généralement usitée est celle qui porte le nom d'unité Siemens; elle est donnée par une colonne de mercure de 1 mètre de hauteur et de 1 millimètre carré de section prise à la température de 14 degrés centigrades[1]. En France, on prend souvent pour unité la résistance d'un kilomètre de fil de fer de 4 millimètres de diamètre; cette unité équivaut, à très-peu près, à dix unités Siemens; cette circonstance permet que l'on passe facilement de l'une à l'autre.

Quand on dispose d'une pile sur la constance de laquelle on peut compter, il y a un moyen bien simple pour mesurer la résistance d'un conducteur. On introduit ce conducteur dans un circuit donné, et on note la déviation du galvanomètre. On le remplace ensuite par une série de bobines à résistance connue, dont on fait varier le nombre de manière à obtenir la même déviation. Toutefois ce procédé n'est pas toujours applicable, parce qu'on n'a pas toujours une quantité suffisante de résistances étalonnées, ou que celles que l'on possède ne peuvent se grouper de manière à produire dans le galvanomètre la déviation voulue.

On peut alors tourner la difficulté en établissant une dérivation entre les deux bornes du galvanomètre. On diminue ainsi, dans une aussi forte proportion qu'on le

---

[1] D'autres préfèrent prendre la température de la glace fondante.

veut, la sensibilité de l'aiguille, et l'on n'en obtient pas
moins le résultat cherché, si l'on connaît exactement le rapport des résistances de la dérivation et du fil galvanomé-
trique. Il faut ajouter pourtant que les expériences faites
par ce procédé ne sont pas susceptibles d'une grande précision, parce qu'on néglige nécessairement des phénomènes accessoires qui se produisent dans les fils, l'échauffement, par exemple.

Au lieu d'introduire une dérivation dans le galvanomètre, on peut former les deux circuits (celui où l'on met
le conducteur à mesurer et celui des résistances connues)
avec des piles dont les forces électro-motrices sont différentes. La pile du premier circuit sera, par exemple, cent
fois plus puissante que celle du second. On étend ainsi
l'échelle des résistances qu'on peut mesurer; mais l'ap-
préciation exacte du rapport des forces électro-motrices ne
laisse pas de présenter quelque difficulté.

Ces divers procédés peuvent suffire, à la rigueur, pour
mesurer la résistance des fils télégraphiques aériens; mais
ils ne pourraient servir à mesurer la résistance d'un conducteur sous-marin à cause de la grandeur de cette quantité. On peut alors faire usage d'un galvanomètre qui
rentre dans la catégorie des appareils différentiels. Il se
compose d'abord d'un galvanomètre ordinaire très-sensible, puis d'une bobine dont la résistance est connue.
Cette bobine, dont l'axe est vertical, peut semouvoir horizontalement le long d'une règle graduée. Quand un courant traverse le fil de la bobine, il agit sur l'aiguille
aimantée et la fait dévier. Mais cette déviation est incom-

parablement moindre que si le courant circulait dans le cadre même du galvanomètre. Pour chaque position que la bobine peut occuper le long de la règle graduée, on détermine le rapport entre les actions qu'un même courant exerce sur l'aiguille aimantée, suivant qu'il passe dans le fil du cadre ou dans celui de la bobine. Supposons que, pour une certaine position, le rapport soit 3,000. On forme alors un premier circuit avec une forte pile (cent éléments, par exemple), le conducteur à mesurer et le cadre du galvanomètre. Avec une petite pile (cinq éléments, par exemple), le fil de la bobine et un rhéostat, on forme un second circuit agissant sur l'aiguille en sens contraire du premier. On fait alors varier la résistance du rhéostat jusqu'à ce que les deux actions exercées sur l'aiguille s'équilibrent et que celle-ci soit ramenée au zéro. On a donc (en admettant que le rapport des forces électro-motrices des deux piles soit le même que celui du nombre de leurs éléments) la résistance cherchée $= 20 \times 3,000 \times R$, R étant la résistance du rhéostat [1].

MM. Siemens ont construit d'après ce procédé des appareils qui permettent de mesurer des résistances s'élevant jusqu'à 3 milliards d'unités (Siemens). sans que le rhéostat R dépasse 10,000 unités.

Un autre moyen de mesurer les résistances est fondé sur ce qu'on appelle le parallélogramme ou *pont de Wheatstone*. Le principe en est le suivant : si l'on joint les deux pôles

[1] Lorsque la résistance B de la bobine mobile n'est pas négligeable par rapport à R, la formule précédente doit être un peu modifiée. La résistance cherchée est alors $20 \times 3,000 \times (R+B)$.

d'une pile P par deux conducteurs interpolaires comme l'indique la figure 39, le courant se distribuera entre les deux conducteurs. Si le rapport des résistances A et B est égal au rapport des résistances R et L, un fil métallique qui joindra les points G et g ne sera traversé par aucun courant, et un galvanomètre placé dans le circuit de ce fil restera au zéro. La réciproque est vraie. Si, dans le système qui vient d'être indiqué, l'aiguille reste au zéro, on peut en conclure que les rapports $\frac{B}{A}$ et $\frac{L}{R}$ sont égaux; rien de plus facile dès lors que de trouver l'une de ces résistances, si on connaît les trois autres. L sera, par exemple, la résistance d'un conducteur à mesurer. A et B seront deux résistances connues, que l'on se donnera dans les conditions les plus avantageuses pour l'expérience, R sera une résistance rhéostatique que l'on fera varier de façon à mettre le parallélogramme en équilibre.

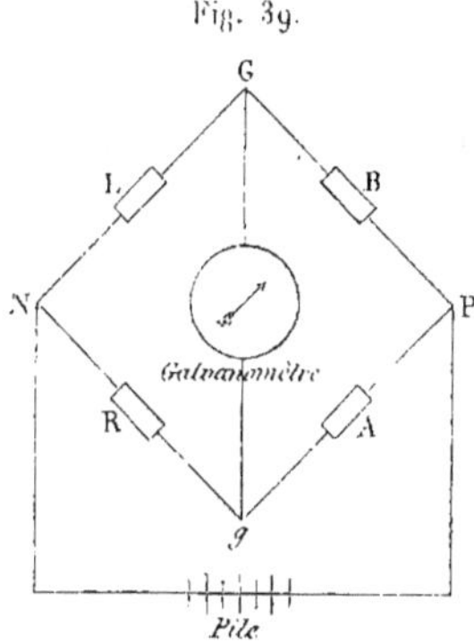

Fig. 39.

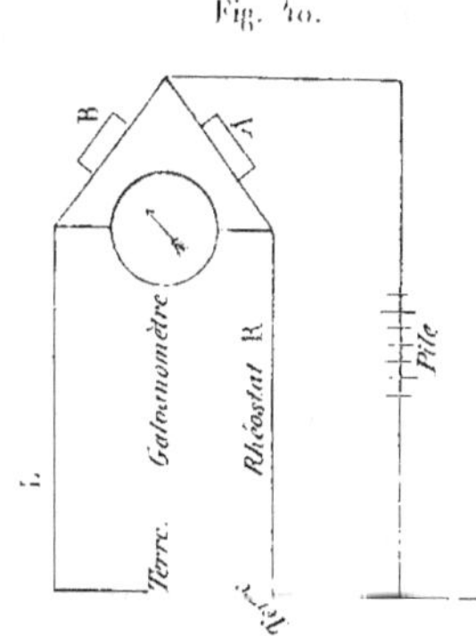

Fig. 40.

Si, comme il arrive d'ordinaire, l'on n'a à sa disposition que l'une des deux extrémités du conducteur, le pa-

rallélogramme prend alors la forme théorique indiquée
par la figure 4o.

Cette méthode peut être appliquée à l'aide de l'appareil que l'administration française a fait construire récemment. L'usage de cet appareil, en se répandant, ne peut
manquer de perfectionner l'étude des lignes télégraphiques, et d'amener une amélioration dans leur conductibilité et leur isolement.

Il se compose essentiellement (voir fig. 41) d'une caisse

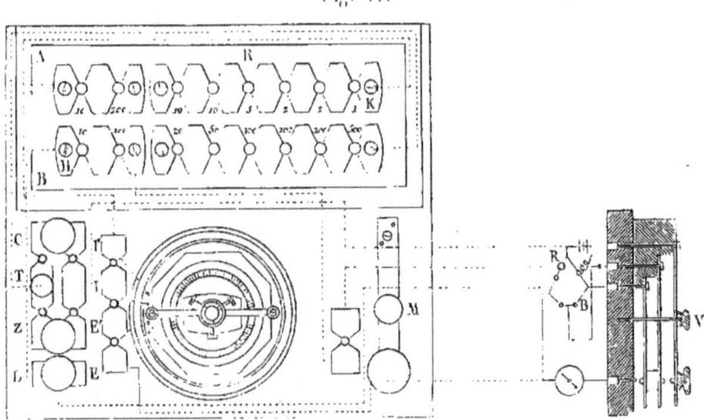

Fig. 41.

de résistances réparties en trois séries correspondant aux
résistances A, B et R, d'un galvanomètre à aiguille astatique
suspendue par un fil de cocon, et de commutateurs pour
l'établissement des communications. Des bouchons coniques, enfoncés entre les bobines étalonnées, permettent de
faire varier la résistance R de 10 à 1,000 unités. Chacun
des systèmes A et B est formé de deux bobines ayant respectivement 10 et 200 unités. On peut ainsi établir entre

leurs résistances un rapport égal à $\frac{1}{20}$, 1 ou 200. L'appareil permet donc de mesurer des résistances allant jusqu'à 20,000 unités.

La méthode du pont de Wheatstone a cet avantage que l'essai se fait par une seule observation, et qu'il est tout à fait indépendant de la constance de la pile; mais elle ne permet pas de mesurer des résistances considérables. L'appareil que nous venons de décrire peut cependant être employé dans des limites assez étendues, si l'on renonce au pont de Wheatstone, et si l'on se sert de la méthode dite *de substitution*. C'est celle que nous avons indiquée il y a un instant. Il faut alors faire deux expériences consécutives pour comparer la résistance à mesurer à une résistance rhéostatique connue. On établit d'ailleurs une dérivation du fil du galvanomètre, en se servant pour cet usage d'une des bobines de la petite série A. On étend ainsi les limites dans lesquelles l'appareil peut servir. On les étend encore en employant dans les deux essais, des piles différentes, comme il a été dit précédemment.

L'appareil peut donc être employé à mesurer les résistances par plusieurs procédés. Le commutateur H'EE' sert à faire varier le nombre des tours du galvanomètre, qui doit être différent suivant que l'on opère par le pont de Wheatstone ou par substitution.

Quant au manipulateur M, il établit les communications avec la pile; une vis V permet de les rendre permanentes pendant la durée de l'observation.

PARATONNERRES.

On protége les appareils et les bureaux télégraphiques contre les effets de la foudre à l'aide d'instruments spéciaux appelés *paratonnerres*.

Le principe de la plupart de ces instruments est le pouvoir qu'ont les pointes de décharger l'électricité. On a ainsi une série de paratonnerres qui se composent essentiellement de deux plaques métalliques placées en regard l'une de l'autre, et dont l'une est en communication avec la ligne, l'autre avec la terre; les deux plaques sont armées de pointes suivant les deux faces qui se regardent. Dans quelques appareils, les pointes sont en petit nombre; dans celui dont se sert le plus ordinairement l'administration française, chaque plaque n'a que trois pointes; celles-ci sont d'ailleurs entre-croisées et amenées de chaque côté jusqu'au voisinage de la plaque opposée. Dans d'autres appareils, les pointes sont beaucoup plus nombreuses; elles vont, par exemple, jusqu'au nombre de six cents sur chaque plaque; les deux surfaces qui forment les extrémités des pointes sont en regard l'une de l'autre à un millimètre ou deux de distance. Les Américains ont un paratonnerre où le nombre des pointes est encore plus considérable; chaque plaque est munie d'une carde métallique dont les pointes, s'il fallait les compter, seraient au nombre de plus de six mille.

On construit encore de très-bons paratonnerres avec deux plaques métalliques isolées par une très-mince couche de gutta-percha, ou par une simple feuille de papier. Les courants énergiques passent d'une plaque à l'autre à travers la feuille isolante. qu'ils percent de petits trous.

Ces divers instruments sont placés soit à l'entrée, soit même à l'extérieur des bureaux télégraphiques ; ils ont pour but de diminuer l'intensité des courants atmosphériques en en déchargeant une grande partie à la terre.

D'autres paratonnerres sont placés dans le voisinage des appareils télégraphiques et ont principalement pour but d'empêcher que les bobines n'en soient brûlées par les courants trop intenses ; ils se composent essentiellement d'un fil très-fin, qui, en raison de sa faible conductibilité. s'échauffe fortement au passage des décharges, et se fond ou se volatilise de manière à interrompre la communication de la ligne avec les bobines. L'appareil est ainsi préservé : on dispose d'ailleurs le fil préservateur de telle sorte que sa fusion détermine une communication entre le fil de ligne et la terre ; les décharges qui suivent la rupture vont alors directement dans le sol.

On place ordinairement sur le passage de chaque fil un paratonnerre à pointes et un paratonnerre à fil préservateur.

Les appareils qui réalisent ces diverses dispositions sont pour la plupart déjà anciens et sont généralement connus. Il n'y a donc pas lieu de décrire ici les divers spécimens que présente le Champ de Mars. Nous mentionnerons seulement le parafoudre de M. Picco : il présente une disposition nouvelle, dont le but est d'empêcher que la des-

truction du fil préservateur ne laisse la ligne sans communications avec l'appareil.

La figure 42 représente un parafoudre de M. Picco

Fig. 42.

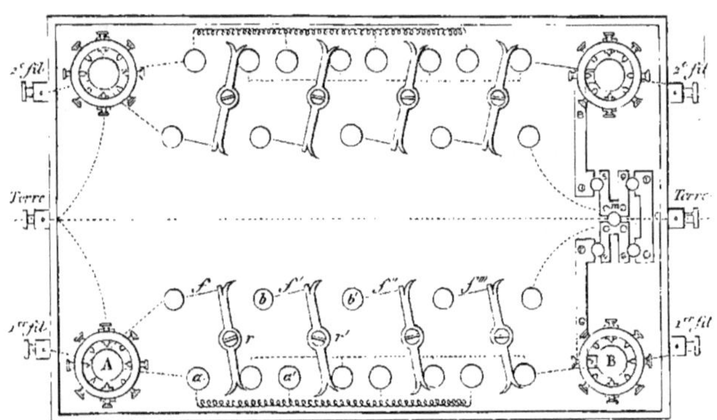

pour deux fils. Sur une planchette rectangulaire de bois
sont placées quatre boules de cuivre soutenues par de petites colonnes métalliques qui communiquent avec la ligne.
Autour de chacune des boules est un anneau métallique
traversé par huit vis à pointes de platine qui arrivent tout
près des sphères sans les toucher. Ces anneaux communiquent avec le sol; le courant de chacun des fils passe
par deux boules qui font paratonnerre à pointes (A et B.
par exemple, pour le premier fil). et entre les deux boules il
trouve un préservateur à fil fin. Si le fil f est brûlé par une
première décharge. la lame à ressort r vient toucher les
deux butoirs a et b et établit une nouvelle communication
avec l'appareil: si alors une seconde décharge brûle le

fil f', la lame r' vient de même toucher les butoirs a' et b', et ainsi de suite. Quatre fils fins peuvent être ainsi successivement brûlés, et c'est alors seulement que la ligne se trouve mise à la terre. Il suffit en ce moment d'ôter la cheville m du commutateur e pour rétablir la communication, le système qui entoure les boules A et B continuant d'ailleurs d'agir comme paratonnerre à pointes.

FIN.

TABLE DES MATIÈRES.

PREMIÈRE PARTIE.
ORGANISATION GÉNÉRALE DE L'EXPOSITION.

	Pages
Organisation générale de l'Exposition	1
Récompenses	7
Liste des exposants récompensés (classe 64)	11
Exposants et produits	15
Nomenclature des exposants et des produits de la classe 64	17
Nomenclature des exposants et des produits (classes diverses intéressant le service télégraphique)	39

DEUXIÈME PARTIE.
MATÉRIEL ET ÉTABLISSEMENT DES LIGNES.

Fabrication et installation des fils	53
Poteaux et supports	66
Réseaux télégraphiques	73
Lignes souterraines	99
Tuyaux pneumatiques	109
Télégraphie sous-marine	117

TROISIÈME PARTIE.
APPAREILS DE TRANSMISSION.

Appareils à cadran ordinaires	149
Appareils à cadran électro-magnétiques	156
Appareils Morse	161
Manipulateurs Morse automatiques	167
Appareils imprimeurs	174

Pages.

Appareils imprimeurs à échappement. 176

Appareils imprimeurs à mouvements synchroniques. 193

Appareils autographiques. 216

Typotélégraphes. 233

QUATRIÈME PARTIE.
APPAREILS ACCESSOIRES.

Relais, électro-aimants divers. 244

Boussoles, galvanomètres, appareils de résistance. 250

Paratonnerres. 262